Ihr Hobby
Garnelen

Michael Wolfinger

bede bei Ulmer

Inhaltsverzeichnis

Titelfoto: Kai Alexander Quante
Fachliche Durchsicht: Heiko Blessin, Speyer; Joachim Frische, Penzberg; Dr. Jürgen Schmidt, Ruhmannsfelden.
Alle Fotos vom Verfasser, sofern nicht anders erwähnt: Takashi Amano, Hans Gonella, Dr. Jürgen Schmidt, bede-Verlag u. v. a. m.

Bibliografische Information der Deutschen Nationalbibliothek
Die Deutsche Nationalbibliothek verzeichnet diese Publikation in der Deutschen National-
bibliografie; detaillierte bibliografische Daten sind im Internet über http://dnb.d-nb.de abrufbar.

© 2011 Eugen Ulmer KG
Wollgrasweg 41, 70599 Stuttgart (Hohenheim)
E-Mail: info@ulmer.de
Internet: www.ulmer.de
Umschlagentwurf: Sojus Design, Kai Twelbeck, Stuttgart
Druck und Bindung: Westermann Druck, Zwickau
Printed in Germany

ISBN 978-3-8001-7647-2

Vorwort

Macrobrachium kulsiense, Weißperlen- oder Schneeflöckchengarnele

Die ersten Garnelenartikel in der älteren Aquaristikliteratur wurden bereits in den 1930er-Jahren veröffentlicht. Erst ab 1960 nahm dann die Zahl der zunächst vereinzelten Beiträge zur Garnelenhaltung stetig zu. Seit Takashi Amano im Jahre 1983 erstmals die Yamatonuma-Garnele, *Caridina multidentata* (früher: *C. japonica*) – besser bekannt auch als Amano-Garnele – zur natürlichen Algenbekämpfung in seinen mittlerweile weltberühmten Naturaquarien vorstellte, sind die winzigen Krebstiere im Aquarium kein ungewöhnlicher Anblick mehr und begeistern immer mehr Aquarianer.

Die Amano-Garnele ist eine Süßwassergarnele, die sich hervorragend dazu eignet, das Aquarium algenfrei zu halten, an die Pflege geringe Ansprüche stellt und in der Aquaristik mittlerweile Kultstatus erlangt hat.

In vielen Gesellschaftsaquarien werden Garnelen zusammen mit Fischen gehalten. Jedoch bekommt man sie in Gesellschaft von Fischen kaum zu sehen, weil sie sich permanent vor diesen verstecken, wodurch ihr interessantes Verhalten nur eingeschränkt zu beobachten ist. In einem Artenaquarium zeigen diese friedlichen und lebhaften Tiere ihre ganze Farbenpracht sowie ihr interessantes Verhalten. Zudem säubern sie das Aquarium von so manchen Futterresten und beugen Algenplagen vor.

Die meisten Garnelen stellen aber – genau wie Aquarienfische – bestimmte Ansprüche an die Wasserqualität, Einrichtung und Vergesellschaftung. Deshalb sollte man sich, wenn man beabsichtigt ein Aquarium mit Garnelen zu besetzen, vor dem Kauf umfangreich über diese Tiere informieren.

Die Crystal red-Garnele, *Caridina* cf. *cantonensis*, ist das „Farbwunder" unter den in jüngerer Zeit in der Aquaristik vertretenen Garnelen.

Seit über zehn Jahren beschäftige ich mich selber mit der Pflege und Zucht von Zwerggarnelen. Eingestiegen bin ich mit Amano-, Fächer- und Rückenstrichgarnelen – damals die ersten regelmäßig angebotenen Garnelen. Später folgten farbenprächtige Arten wie Red Cherry und Co.

Es sind vor allem das lebhafte Verhalten, die Farbenvielfalt und die immer wieder neu eingeführten Arten, welche die Faszination der Garnelen ausmachen. Vielleicht gehören auch Sie bald zu den Liebhabern dieser spannenden Tiere, die schon viele in ihren Bann gezogen haben.

Ihr erster Schritt zur Garnelenhaltung hat bereits mit dem Kauf dieses Buchs begonnen. Dieses Buch ist für diejenigen gedacht, die kein Fachchinesisch verstehen. Leicht verständlich erklärt, für Einsteiger und Fortgeschrittene, die

Die Amano- oder Jamatonuma-Garnele, *Caridina multidentata*, früher *C. japonica*, war wesentlich für die zunehmende Beliebtheit der Garnelen in der Aquaristik verantwortlich. Foto u.: Takashi Amano

sich Wissen über die Pflege und Zucht von Zwerggarnelen im Süßwasseraquarium aneignen oder und dieses erweitern wollen. Das Buch soll einen Einblick in die Garnelenhaltung geben und mein Wissen über die Bedürfnisse und die Pflege von Garnelen weitergeben.

Ein wichtiges Kapitel in diesem Buch beinhaltet das Thema Garnelenkrankheiten. Es hat sich herausgestellt, dass über dieses noch recht junge Thema wenig bekannt ist und falsche Haltungsbedingungen plötzlich auftretende Verluste vereinzelter Tiere oder gar ein Massensterben, mit oder ohne Symptome, viele Garnelenhalter immer wieder vor unerwartete Probleme stellen. Hier liefert dieses Buch Hilfestellung bei der Bewältigung solcher Situationen (siehe: Garnelen-Info-Hotline, Seite 79-80).

Ihr

Michael Wolfinger, Nürnberg-Katzwang

Was sind Garnelen?

Macrobrachium lanchesteri, Glasgarnelenmännchen – sie gehört zwar zu den Großarmgarnelen, verhält sich aber, da sie keine großen Greifarme wie die Ringelhandgarnele besitzt, gegenüber Fischen und anderen Zwerggarnelen friedlich.

Garnelen sind Tiere, die kein knöchernes Innenskelett besitzen und denen eine Wirbelsäule fehlt. Zu ihnen zählen die meisten Tierarten, die als sogenannte Wirbellose zusammengefasst werden. Sie bilden keine einheitliche und natürliche Verwandtschaftsgruppe, sondern beziehen sich auf ein Merkmal, in diesem Fall also auf Tiere ohne Wirbelsäule.

Die Krebstiere aus dem Stamm der Gliederfüßer (Arthropoda) stellen mit weltweit knapp 40000 Arten eine sehr große Tiergruppe dar. Der Unterstamm Crustacea umfasst die eigentlichen Krebs- oder Krustentiere. Dazu zählen nicht nur die bekannten Flusskrebse, Hummer, Krabben und unsere Zwerggarnelen, sondern auch Asseln, Wasserflöhe und Seepocken.

Die überwiegende Mehrzahl der Garnelen lebt im Meer, ein geringerer Teil im Süßwasser. Nur wenige Krebse sind zum Landleben gewechselt. Dazu gehören die Asseln, die Landeinsiedlerkrebse oder die Landkrabben. Ursprünglich befand sich an jedem Körperabschnitt der Krebstiere ein Fußpaar. Diese haben sich jedoch im Laufe der Evolution der einzelnen Krebsgruppen und ihrer Lebensweise angepasst, sodass überzählige Beine heute meist nicht mehr als solche zu erkennen sind.

Macrobrachium lanchesteri, Glasgarnelenweibchen

Bei Garnelen haben sich diese beispielsweise als am Hinterleib erkennbare Schwimmbeinpaare zurückgebildet. Gliederfüßer haben eine charakteristische äußere Segmentierung, die sich in Kopf, Vorderleib (Thorax) und dem Hinterleib (Abdomen) einteilen lassen. Verbunden sind die einzelnen Segmente durch eine elastische Membran. Der Vorderleib, der bei den Insekten aus

Salinenkrebschen, *Artemia* cf. *salina*, sind ebenfalls Krebstiere, sie gehören aber – anders als die Garnelen – zur Ordung der Kiemenfüßer. Zugleich sind *Artemia* ein hervorragendes Futter für Garnelen. Foto: H. Bela

Insekten besitzen einen dreigliedrigen Körperbau, während die Zehnfußkrebse, zu denen die Garnelen gehören, einen achtgliedrigen Körper haben. Hier der völlig ungefährliche Wasserskorpion, *Nepa rubra*, als Beispiel für im Wasser lebende Insekten. Foto: Dr. J. Schmidt

drei Segmenten zusammengefügt ist, weist bei den Zehnfußkrebsen acht auf. Der Hinterleib besteht bei beiden Tiergruppen aus jeweils sechs Segmenten. Ihre aufeinanderfolgenden Körperabschnitte sind unterschiedlich, innerhalb einer Tiergruppe aber gleich.

Die wasserbewohnenden Krebse atmen über Kiemen, die landlebenden über Lungen oder Tracheen. Bei den Tracheen handelt es sich um Röhren, die bei den höher entwickelten Insekten miteinander durch längs und quer angeordnete Blutgefäße in Verbindung stehen. Es wird daher auch als Tracheensystem bezeichnet. Die Tracheen bestehen als Teil des Außenskeletts aus Chitin und verzweigen sich vielfach im Körperinneren, sodass die Atemluft an alle Organe gelangen kann.

Einzigartig bei Wirbellosen ist ein Gleichgewichtsorgan (Statocysten), welches aus einer mit Flüssigkeit gefüllten Blase bestehen kann, in die ein Kalk- oder Sandkorn (Statolith) eingefügt ist. Bei Bewegungen kommt das Körnchen an die Sinneshärchen der Hülle und reizt diese. Der Reiz wird an das Nervensystem weitergeleitet und dient zur Orientierung im Raum ebenso, wie zur Ermittlung der eingenommenen Position. Der Statolith muss nach jeder Häutung ersetzt werden.

Die Garnelen gehören in die Gruppe der Krebstiere (Crustacea), die wiederum zur Ordnung der Zehnfußkrebse (Decapoda) zählen. Früher wurden Garnelen in der Unterordnung „Natantia" innerhalb der Zehnfußkrebse zusammengefasst. Als Garnelen werden unterschiedliche

Was sind Garnelen?

Macrobrachium assamensis darf nicht mit zu kleinen Fischen unter 4 cm Länge vergesellschaftet werden, da sie räuberisch ist. Foto: I. Seidel

Gruppen den Boden bewohnender oder frei schwimmender Krebse bezeichnet. Der Begriff „Garnelen" kennzeichnet keine natürliche, geschlossene Abstammungsgemeinschaft, sondern fasst verschiedene Gruppen zusammen. Sowohl als Räuber als auch als Beutetier sind Garnelen eine ökologische Schlüsselgruppe.

Garnelen besitzen drei verschiedene Beinarten. Am Hinterleib befinden sich fünf Schwimmbeinpaare, die – wie der Name schon sagt – überwiegend zum Schwimmen eingesetzt werden. Wer schon einmal eine Garnele schwimmen sah, weiß, wie schnell sie diese Beine bewegen kann, um sich genügend Antrieb zu verschaffen. Am Bruststück der Garnelen befinden sich drei Schreitbeinpaare, welche zur Fortbewegung auf dem Boden dienen und zwei weitere Beinpaare unterhalb des Kopfes, die als Fresswerkzeug genutzt werden.

Die Garnelen werden in zwei Großgruppen (Infraordnungen) unterteilt: in die eigentlichen Garnelen (Caridinea) und in die Geißelgarnelen (Penaeoidea). Zu Ersteren gehören mit immerhin 2000 bis 3000 Arten die meisten Süßwassergarnelen. Hier sind unsere Zwerggarnelen, die Gattungen *Caridina* sowie *Neocaridina*, die Fächergarnelen, die Gattung *Atya*, zu finden. In die zweite Großgruppe gehören die Geißelgarnelen. Geißelgarnelen sind teilweise überraschend großwüchsige Tiere. Man findet sie in den tropischen und subtropischen Meeren, wo sie eine wichtige Fischereiressource darstellen. Bei uns werden sie unter dem Namen Gambas oder Scampi gehandelt, was für eine zoologische Bestimmung jedoch ungeeignet ist.

Die Gattung *Caridina* enthält etwa 200 Arten. Die Gattung *Neocaridina*, in der Aquaristik vor allem durch verschiedene Farbvarianten von *N. denticulata* vertreten, enthält gerade einmal 20 Arten. Die Großarmgarnelen der Gattung *Macrobrachium* zählen mit über 220 Arten zur Familie Palaemonidae.

Was aber ist der Unterschied zwischen den Arten aus den Gattungen *Caridina*, *Neocaridina* und *Macrobrachium*?

Das wesentliche Unterscheidungsmerkmal der Großarmgarnelen sind ihre sehr langen, dünnen Scherenbeine, die bei *Caridina*- und *Neocaridina*-Arten gänzlich fehlen. Auch sind Macrobrachien deutlich größer als Zwerggarnelen.

Zwerggarnelen haben winzig kleine Scheren, die bei den meisten Arten völlig harmlos sind. Unermüdlich grasen sie mit diesen Scheren Algen von Pflanzen und Steinen ab.

Wesentlich schwieriger und mit bloßem Auge kaum zu unterscheiden sind *Caridina*- und *Neocaridina*-Arten. Früher wurde oft behauptet: Arten mit großen Eiern, deren Larven bereits nach dem Entlassen zum Bodenleben übergehen, würden zu *Neocaridina* gehören und Arten mit stecknadelkopfgroßen Eiern zu *Caridina*. Auch würden alle *Neocaridina* fertig entwickelte Jungtiere zur Welt bringen und alle *Caridina* den primitiven Fortpflanzungstyp praktizieren. Diese Aussagen sind aber so nicht korrekt! Da sich die beiden Gattungen auch äußerlich nicht so ohne Weiteres unterscheiden lassen, benötigt man ein gutes Mikroskop und Kenntnisse zur speziellen Anatomie der Garnelen.

Männliche *Neocaridina* besitzen meist ein rundliches Endopod an den ersten Schwimmbeinen (Pleopoden). Endopoden sind Körperanhänge an den Gliedmaßen, die als Begattungsorgan fungieren und artspezifisch sind. Weiterhin tragen viele *Neocaridina* einen winzigen Dorn, den Pterygostominalwinkel, an der Vorderseite des Rückenpanzers. Ein weiteres wichtiges Unterscheidungsmerkmal sind Anhänge der Mundwerkzeuge (Maxillipeden).

Sie sehen also – unsere Garnelen haben viele Geheimnisse. Mehr darüber auf den folgenden Seiten.

Die Red Cherry-Garnele gehört der Gattung *Neocaridina* an und ist eine Farbvariante der Wildform *N. heteropoda*, früher *N. denticulata sinensis*.
Foto: bede

Verbreitung

Einige Süßwassergarnelen in unseren heimischen Aquarien stammen aus Asien, Afrika oder Amerika. In Südamerika leben Garnelen oft mit Harnischwelsen im gleichen Lebensraum zusammen und dies in erstaunlich weichem Wasser. Viele Garnelen leben in langsam fließenden Gewässern in Pflanzendickichten. Hier siedeln sie in größeren Gruppen und ernähren sich von Algen oder anderem Aufwuchs, der auf Steinen und Pflanzen wächst.

Andere Arten – wie die Fächergarnelen – haben sich wiederum an schnell fließende Gewässer angepasst. Wieder andere Garnelen halten sich in großen Schwärmen auf und weiden – oft perfekt getarnt und an ihre Umgebung angepasst – den Bodengrund nach Nahrung ab.

Da aber viele Garnelen als Beifänge importiert werden, kennt man dadurch leider oft die genaue Herkunft verschiedener Formen nicht. Somit sind nur selten zuverlässige Herkunftsangaben zu erhalten. Viele *Caridina*- und *Neocaridina*-Arten sind im Süß- und Brackwasser im gesamten asiatischen Raum, sowohl auf dem Festland als auch auf den größeren Inseln wie Sri Lanka oder Japan, als auch auf den zahlreichen Indonesischen Inseln in Flüssen, aber auch im Pazifik, verbreitet.

Sonnenaufgang am Rio Negro- „Süßwassermeer" Foto: Dr. J. Schmidt

Tropische Weiß-
wasserbiotope,
wie hier ein
Nebenfluss des
Rio Solimoes in
Brasilien, ent-
halten oft mehr
Nährstoffe als das
Schwarzwasser.
Deshalb leben
hier meist auch
mehr Garnelen.
Foto: bede

Vor allem
Fächergarnelen,
wie *Atyopsis
moluccensis*,
finden sich
in schnell
fließenden,
sauerstoffreichen
und klaren
Gewässern – wie
hier abgebildet.
Foto:
A. Waser

Die wohl bekannteste Garnele, *Caridina
multidentata*, früher *C. japonica* genannt,
wurde in Japan und auf verschiedenen
Nachbarinseln entdeckt. Dort ist sie vor
allem in küstennahen Flüssen, die in
den Pazifischen Ozean münden, beheimatet. Vor kurzem wurde sie auch in
Gewässern im östlichen Teil Japans
entdeckt. Bevorzugt leben sie im Ober-
und Mittellauf der Flüsse.
Caridina cf. *cantonensis* ‚Biene' ist beispielsweise in Hongkong weit verbreitet. Diese Art wurde dort in Bächen
gefunden, deren Grund mit großen
Steinen, zwischen denen sich Sand und
Kiesbänke befinden, bedeckt ist. Die
Garnelen leben dort in schattigen Fluss-
bereichen mit einem pH-Wert um 6,0,
wo sich Falllaub und verschiedenes
Geäst angesammelt hat.

Verbreitung

Die Red Cherry-Garnele wurde Berichten zufolge von einem Fischfutterfänger bei Taiwan in einer kleinen Menge in einem circa 30 cm tiefen Tümpel, der mit Fadenalgen und Pflanzen bewachsen war, gefunden. Im Jahr 2002 wurden Nachzuchten dieser Form erstmals aus Taiwan nach Deutschland importiert. Mittlerweile erfolgte ihre Verbreitung durch Verschleppung nahezu über den gesamten pazifischen Raum.

Von *Atya gabonensis* wiederum weiß man, dass sie die tropischen Gebiete der Länder im und am Atlantischen Ozean bewohnt. Ihr Fundort dort ist die Westseite des afrikanischen Kontinents, von Senegal bis Zaire, aber auch die Ostküste Südamerikas von Venezuela bis Brasilien. Diese Garnelen bewohnen – wie andere Fächergarnelen – meist felsige, schnell fließende, steinige Bachläufe, bis hinauf in die sauerstoffreichen Quellregionen. Das Verbreitungsgebiet der meisten *Macrobrachium*-Arten liegt im Asiatischen Raum wie Thailand bis über Indien, Australien und Indonesien hinaus.

Selbst in unseren heimischen Gewässern kommen Garnelen vor, beispielsweise die Europäische oder Donau-Schwebegarnele oder die Europäische Garnele, *Atyaephyra desmaresti*, die in der Aquaristik jedoch wenig Liebhaber haben, aber durchaus auch interessante Pfleglinge verkörpern. Vor allem letztere Garnele steht farblich den tropischen Arten in nichts nach.

Leider konnten bisher nur wenige Garnelen, die in unseren Aquarien leben, wissenschaftlich zugeordnet und beschrieben werden. So werden viele Arten

Die Art *Caridina fernandoi* von Sri Lanka ist in Fließgewässern anzutreffen. Auch dieser Garnelenbiotop weist eine leichte Strömung auf. Foto: A. Waser

unter geläufigen Trivial- oder Fantasienamen wie Zebra-, Nashorn- oder Red-Cherry-Garnele verkauft. Dennoch hat sich gezeigt, dass viele Formen unter den in diesem Buch vorgestellten Bedingungen problemlos gepflegt, ja, manche sogar ohne viel Zutun, gezüchtet werden können.

Mittlerweile werden immer öfter neue Garnelenarten entdeckt. Viele davon werden nur kurz beschrieben und verschwinden dann schnell wieder. Nur die farbenprächtigsten Arten wie Red Cherry & Co. werden sich wohl in der Aquaristik behaupten – was bedauerlich ist, denn auch die unscheinbaren Formen zeigen interessante Verhaltensweisen.

Welche weiteren neuen Arten kommen werden? Das bleibt abzuwarten und wird die Zukunft zeigen ...

Auch zu den Meeresgarnelen gibt es ein lesenswertes Buch.

Garnelen im Aquarium

Wer sich ein Artaquarium mit diesen kleinen Krabblern einrichten möchte, um die Tiere ungestört beobachten zu können, der kann dies schon in den sogenannten „Schreibtischaquarien" ab 12 l Inhalt tun. Da sich aber manche Garnelen ziemlich schnell vermehren und größere Aquarien stabiler im biologischen Gleichgewicht zu halten sind, als kleine mit weniger Wasserinhalt, sind Aquarien ab einer Größe von 50 l Inhalt zu empfehlen. Hierbei haben sich die sogenannten 60 cm-Komplettsets bestens bewährt.

Garnelen sind sehr flinke Tiere und gelangen durch jede noch so kleine Öffnung. Deshalb muss das Aquarium für Garnelen unbedingt lückenlos abgedeckt sein. Auch Öffnungen in der Abdeckung, zu denen auch die vorgefertigten Löcher für zu verlegende Schläuche oder Kabel gehören, können für Garnelen schnell zur Flucht genutzt werden – vor allem, wenn sich hohe Pflanzen, die bis an die Wasseroberfläche reichen, im Aquarium befinden. Um solche Öffnungen gut abzudichten, empfiehlt es sich, etwas Filterwatte oder einen alten Filterschwamm zwischen die Durchführungen zu stopfen.

Der Standort des Aquariums

Da bei der Garnelenpflege kleine Aquarien zum Einsatz kommen, spielt die Statik des Wohnungsbodens keine Rolle. Ein fester Unterschrank mit einer glatten Oberfläche, auf der sich der Druck gut verteilt, ist allerdings vonnöten. Für kleine Aquarien tut es aber auch ein stabiles Regal, ein Tisch oder Ähnliches. Für größere Aquarien ab 60 cm oder mehr empfiehlt sich ein stabiler Aquarienunterschrank wie ihn der Zoohandel anbietet. Denn bereits ein 60 l-Aquarium kann inklusive Einrichtung durchaus an die 100 kg wiegen.

Das Garnelenaquarium

Wer handwerklich geschickt ist, der kann sich selbst einen Unterschrank anfertigen. Das ist relativ kostengünstig und man kann seiner Fantasie freien Lauf lassen.

Weit wichtiger als der richtige „Untersatz" ist der richtige Standort des Aquariums. Natürlich sind in einem Garnelenaquarium Algen, welche die Tiere abweiden können, erwünscht. Fällt über einen längeren Zeitraum direktes Sonnenlicht ins Aquarium, so wird die anfängliche Freude über die prächtigen Farben der Garnelen und Pflanzen schon bald durch eine große Algenplage getrübt Deshalb sollte auf einen Standort in Fensternähe verzichtet werden. Auch die Wassertemperatur kann gerade im Sommer bei kleinen Aquarien schnell auf über 30 °C ansteigen. Viele Garnelen reagieren extrem empfindlich auf zu hohe Temperaturen; dies kann Unwohlsein oder eine Krankheit und selbst den Tod der Tiere zur Folge haben. Die Kühlung eines Aquariums ist relativ schwierig, auch wenn einige Aquarianer auf Eiswürfel oder Kühlakkus schwören, sind diese Methoden doch nur zur akuten Soforthilfe geeignet, denn das Kühlmaterial nimmt viel zu schnell die Temperatur des Wassers an und man ist gezwungen, die Akkus ständig zu wechseln oder neue Eiswürfel ins Aquarium zu packen. Es gibt zwar Kühlaggregate im Fachhandel, allerdings sind diese in der Anschaffung sehr teuer und daher sicherlich nur für größere Aquarien rentabel. Die effektivste, kostengünstigste Methode, um bei lang anhaltender Hitze die Temperatur im Aquarium dauerhaft zu senken, bietet ein Ventilator, der vor dem Aquarium aufgestellt und betrieben wird.

Ideale Standorte sind also diejenigen, die weit vom Fenster entfernt sind. In einer dunkleren Ecke kommt ein schön beleuchtetes Aquarium besser zur Geltung und verleiht dem „ewig dunklen Eck" ihrer Wohnung eine besondere Atmosphäre.

Bodengrund

Hat man sich von den kleinen Krabblern anstecken lassen, das Aquarium bereits ausgesucht und am richtigen Ort aufgestellt, so kann der Bodengrund ins Aquarium eingebracht werden. Ob man hier feinen Sand oder groben Kies verwendet, ist den Garnelen ziemlich egal. Hier kann jeder Aquarianer nach seinem Geschmack entscheiden.

Am besten eignet sich Kies mit einer Körnung von 2 bis 4 mm, da er grob genug ist, um Pflanzenwurzeln gut zu umspülen, aber fein genug, um keinen Schmutz und Mulm aufzunehmen, den die Garnelen wiederum sehr gern nach

Es gibt Bodengrundsorten unterschiedlicher Korngrößen und Farben im Fachhandel. Die Farbe können Sie nach Ihrem Geschmack auswählen, die Größe sollte zwischen 1 und 4 mm Durchmesser liegen.

Eine interessante, bisher in der Aquaristik wenig bekannte Art: *Caridina brachydactyla* beim Abweiden einer Mooskugel.

Nahrung durchsuchen. Im Gegensatz zu vielen anderen Meinungen, dass auf dunklem Bodengrund Garnelen sehr gut zur Geltung kommen, was auf besonders farbenprächtige Arten wie rote und grüne Garnelen durchaus auch zutrifft, empfehle ich naturfarbenen Kies. Auch helle Farben ergeben einen wirkungsvollen Kontrast zu den Farben der Garnelen, zumal in vielen natürlichen Lebensräumen der Bodengrund sehr hell ist. Ein weiteres Argument, welches für hellen Kies spricht, ist, dass auf diesem nicht ganz so farbenprächtige Garnelen wie Tiger- oder schwarze Hummelgarnelen besser zur Geltung kommen als auf dunklem Untergrund.

Bei einigen Garnelenhaltern hat sich kunststoffummantelter Kies oder Quarzsand bewährt. Beide geben keinen Kalk ans Wasser ab und sind in allen denkbaren Farben erhältlich. Hier sollte man allerdings darauf achten, dass die Farben nicht zu grell gewählt werden. Grau, Braun oder Schwarz wirken nicht ganz so naturfremd wie Rot oder Blau. Die Geschmäcker (unter-) scheiden sich jedoch bei diesem Thema und es bleibt jedem selbst überlassen, ob er lieber bunten oder naturfarbenen Kies in sein Aquarium einbringen möchte, denn über Geschmack lässt sich bekanntlich nicht streiten.

Verwendet man Sand als Bodengrund, dann sollte man bedenken, dass eine zu feine Körnung in einem Pflanzenaquarium Probleme mit sich bringen kann. Denn der Sand kann sich derart stark verdichten, dass die Wurzeln der Pflanzen nicht mehr richtig umspült werden, diese somit zu faulen beginnen und giftige

Gase im Boden entstehen können.

Der kunststoffummantelte Kies hat den Nachteil, dass er aufgrund seiner glatten Oberfläche nur von wenigen Bakterien besiedelt werden kann. Dies kann vor allem in filterlosen Aquarien, zu denen wir später noch kommen, zu Problemen führen. Auch gibt es Vermutungen, dass kunststoffummantelter Kies Weichmacher ans Wasser abgibt, die für Garnelen tödlich sein können. Von verschiedenen Garnelenhaltern wurde berichtet, dass in Aquarien, in denen Kunstkies verwendet wurde, nach einem gewissen Zeitraum unerklärliches Garnelensterben auftrat und das Sterben nach Austausch des Kunstkieses plötzlich wieder aufhörte und keine weiteren Verluste zu verzeichnen waren. Dies soll jetzt nicht heißen, dass Kunstkies im Allgemeinen für Garnelen gefährlich ist, jedoch häufen sich die Vorfälle. Wollen Sie also mit Kunststoff ummantelten Kies verwenden, dann sollten Sie lieber etwas mehr Geld investieren und sich zum Wohle der Garnelen nicht für No-Name-Produkte entscheiden.

Falls in den Bodengrund ein Dauerdünger oder Nährboden für ein gutes Pflanzenwachstum eingebracht werden soll, dann muss darauf geachtet werden, dass in diesem kein Kupfer oder andere Bunt- oder Schwermetalle als Bestandteile enthalten sind!

Pflanzen für ein Garnelenaquarium

Natürlich kann man in einem Garnelenaquarium alle Aquarienpflanzen verwenden. Da Garnelen aber eine etwas gedämpfte Beleuchtung bevorzugen,

Hinweis:
Garnelen reagieren um einiges empfindlicher auf Kupfer im Wasser als Fische!

Das Garnelenaquarium

sollten keine allzu lichthungrigen Pflanzen gewählt werden. Das Aquarium darf ruhig dicht bepflanzt werden, allerdings sollte im Vordergrund noch genügend Schwimmraum vorhanden sein. Vor allem in Aquarien mit kühleren Wassertemperaturen – was von vielen Garnelen ja bevorzugt wird – haben sich Carolina-Haarnixe, *Cabomba caroliniana*, Nixkraut, *Najas guadalupensis*, Wasserpest, *Elodea densa*, Hornkraut, *Ceratophyllum demersum* und *C. submersum*, sowie verschiedene Javafarnformen, *Microsorum pteropus*, bestens bewährt. Ebenso Schwimmpflanzen, an denen die Garnelen gern mal kopfüber hängen.

Die Pflanzen entziehen dem Wasser Stoffwechselendprodukte, wie Ammonium und Nitrat. Außerdem beschatten sie das Aquarium schön. Das hat den positiven Nebeneffekt, übermäßigem Algenwachstum vorzubeugen. Javamoos, *Taxiphyllum barbieri*, und andere Moosarten sowie Mooskugeln, *Cladophora aegagrophila*, sollten in einem Garnelenaquarium auf keinen Fall fehlen. Beide bieten für die Garnelen eine riesige Oberfläche zum Abweiden. Außerdem sammelt sich darin Mulm an, den die Tiere regelmäßig auf der Suche nach Nahrung durcharbeiten. Mit Moosen lassen sich auch Wurzeln oder Steine ausgezeichnet dekorieren. Dieses kann mit einer dünnen Schnur oder einem Haarnetz auf den jeweiligen Einrichtungsgegenständen befestigt werden. Nach einiger Zeit, wenn das Moos angewachsen ist, sieht alles sehr natürlich aus. Mit flachen Steinen lassen sich schöne Moosteppiche herstellen,

Garnelen, hier Rote Nashorngarnelen, fühlen sich auf dem Javamoos, *Taxiphyllum barbieri*, besonders wohl. Hier finden sie reichlich Mikroorganismen als Nahrung und zudem viele Verstecke, um sich bei Bedarf zurückziehen zu können.

Achtung!
Manche Pflanzen enthalten Düngerrückstände. Daher vor dem Einsatz im Aquarium unbedingt gründlich wässern!

welche an die bekannten Naturaquarien erinnern. Es sollte aber auch darauf hingewiesen werden, dass nach dem Einsetzen neu erworbener Aquarienpflanzen in ein Garnelenaquarium erhebliche Probleme auftreten können. Immer wieder wird von Problemen und Massensterben nach dem Zukauf und dem Einsetzen von Aquarienpflanzen in einem bereits gut funktionierenden Garnelen- oder Krebsaquarium berichtet. Manche Aquarienpflanzen enthalten Rückstände von Düngern oder Schädlingsbekämpfungsmittel, wovon der örtliche Zoohändler nichts weiß. In den Wasserpflanzengärtnereien werden die Pflanzen mit derartigen Mitteln behandelt. Werden solche Pflanzen nach dem Kauf zu Hause ins Aquarium gepflanzt, lösen sich die Dünge- oder Schädlingsbekämpfungsmittel und gelangen so ins Wasser.

Diese verursachen bei Fischen zwar keinen unmittelbaren Schaden, aber schon in geringen Konzentrationen können sie für Garnelen zum Verhängnis werden. Berichte über vereinzelte Verluste, apathisches Verhalten oder Massensterben von Garnelen und Krebsen, kurz nach Einsetzen neuer Pflanzen, sind keine Seltenheit. Deshalb sollte man Aquarienpflanzen, die in ein Garnelenaquarium eingebracht werden sollen, vorher mindestens zwei bis drei Tage wässern und alle Nährböden und Substrate, wie Steinwolle, gründlich von den Pflanzenwurzeln entfernen. Zur Entgiftung und Eingewöhnung stellt man die Pflanzen in ein kleines Glasaquarium oder einen Eimer mit Wasser – am besten mit Wasser vom Wasserwechsel aus dem Garnelenaquarium, und lässt sie einige Tage darin stehen.

Das Garnelenaquarium

Um die giftigen Stoffe zu entfernen, sollte man zusätzlich einen guten Wasseraufbereiter zugeben und das Wasser zwischenzeitlich immer wieder erneuern. Nach dieser Zeit, werden die Pflanzen nochmals unter fließendem Wasser abgespült und können anschließend in das Aquarium eingesetzt werden. Nach dem Einpflanzen ins Aquarium empfiehlt es sich, das Verhalten der Garnelen noch einige Tage besonders im Auge zu behalten.

Einrichtung

Neben verschiedenen Wasserpflanzen sollte bei der Aquarieneinrichtung nicht auf Wurzelholz verzichtet werden. Bes-

tens bewährt hat sich Moorkienholz. Diese ist schon gebrauchsfertig und bereits vorgewässert im Zoohandel erhältlich. An dessen Oberfläche siedeln sich, für das bloße Auge unsichtbar, Mikroorganismen an, die für die Ernährung der Garnelen eine wesentliche Rolle spielen. Desweiteren haben Moorkienholzwurzeln noch einen positiven Nebeneffekt. Sie geben sogenannte Huminsäuren an das Wasser ab. Zu erkennen ist dieses am sich bräunlich einfärbenden Wasser. Huminsäuren senken dadurch etwas den pH-Wert.

Tipp Auf die Verwendung von „Mopaniwurzeln" ist in einem Garnelenaquarium zu verzichten!

Javafarn, *Microsorum pteropus*, eignet sich besonders gut für das oftmals geringe Lichtangebot in einem Garnelenaquarium.

Mopaniwurzeln stehen im Verdacht, eingelagerte Schwermetalle ans Wasser abzugeben. Steine sind in einem Garnelenaquarium nicht unbedingt notwendig und haben nur einen rein dekorativen Zweck. Man sollte nur Steine verwenden, welche die Wasserqualität nicht beeinträchtigen, die wiederum für Garnelen eine wichtige Rolle spielt. Auch bei selbst gesammelten Steinen auf Wegen oder Feldern weiß man nicht, welche Substanzen sie enthalten. Ich rate jedem, nur Steine zu verwenden, die für den Gebrauch im Aquarium geeignet sind. Am Besten kauft man Steine für die Dekoration direkt beim Zoohändler. Mit einem kleinen Trick kann man übrigens herausfinden, ob ein Stein Kalk enthält. Hierzu träufelt man einen Tropfen Säure, beispielsweise pH-Minus für Aquarien, auf den Stein. Schäumt der Tropfen auf

Amano-Garnelen halten sich nicht nur gern an Pflanzen, sondern auch am Moorkienholz auf. Auch hier weiden sie Algen und andere Mikroorganismen ab.

dem Stein, so ist Kalk enthalten.

Neben Wurzeln lieben Garnelen Buchen- oder Eichenlaub. Die Tiere halten sich dort sehr gern auf, grasen es ab und verwenden das Laub als Futter. Wenn man jedoch einheimisches Buchen- oder Eichenlaub verwenden will, sollte es zuvor auf jeden Fall getrocknet sein und es muss darauf geachtet werden, dass sie weder Düngemitteln noch anderen Schadstoffen ausgesetzt waren. Laub aus dem eigenen Garten wäre ideal. Am Besten übergießt man das Laub vor der Verwendung mit kochendem Wasser, damit eventuell vorhandene Krankheitserreger verenden.

Wer auf Nummer sicher gehen will, dem empfehle ich Seemandelbaumblätter. Diese sind im Aquaristikfachhandel oder in Online-Shops erhältlich. Seemandelbaumblätter haben den Vorteil, dass

Das Garnelenaquarium

sie eine effektivere Pilze und Bakterien hemmende Wirkung haben als Buchen- und Eichenlaub und den pH-Wert besser senken. Zudem handelt es sich um echtes Laub aus den Tropen, wie es dort in die Gewässer der Garnelen fällt.

Das Wasser

Die Einlaufzeit ist wohl die schwierigste Phase nach der Einrichtung eines Aquariums. Gerade wenn es das erste Aquarium ist, möchte man am liebsten sofort mit dem Besatz beginnen. Doch wer ein paar Wochen Geduld aufbringt, der wird später weniger Probleme haben. Wie bei allen anderen Aquarienbewohnern auch, spielt bei Garnelen das Wasser und seine Qualität eine wichtige Rolle. Nachdem die ersten Pflanzen eingesetzt sind und das Wasser eingelassen wurde, muss das Aquarium erst einmal mindestens zwei, besser drei oder vier Wochen einfahren, damit ein erstes biologisches Gleichgewicht entstehen kann. Erst nach dieser Zeit haben sich Ammonium und Nitrit abbauende Bakterien vermehrt, die dafür sorgen, dass sich die Abfallstoffe der Garnelen zu dem weniger giftigen Nitrat umwandeln.

> **Hinweis:** Dem Wasser fehlen in der Einlaufzeit des Aquariums noch die notwendigen Filterbakterien, welche Nitrit in für Pflanzen wichtiges Nitrat umwandeln können.

Viele Neueinsteiger machen den Fehler, dass sie die Tiere zu früh in ein frisch eingerichtetes Aquarium einsetzen, was zu hohen Verlusten führen kann. Oft steigt der Nitritwert, die NO_2^--Ionen, in den ersten Wochen über einen Wert von 1 mg/l und höher. Zuerst gibt es eine Ammonium-, dann eine NO_2-Anreicherung.

Wie entsteht aber Nitrit?

Nitrit ist eine giftige Stickstoffverbindung, also ein Zwischenprodukt, das beim Abbau von Ammonium und Ammoniak entsteht. Nitrit ist für Garnelen genauso giftig wie auch für Zierfische und darf deshalb in Ihrem Aquarienwasser nicht nachweisbar sein.

Dies zeigt sich bei Garnelen durch folgende Vergiftungserscheinungen: Anfangs sind die Garnelen träge, sie sitzen lustlos am Boden und fressen kaum noch. Weiterhin verfärbt sich bei Vergiftungen bei durchsichtigen Arten wie der Amano-Garnele die Muskulatur des Abdomens und zeigt eine orange-

Amano-Garnelen mit typischen Vergiftungsmerkmalen.

milchige, manchmal weißliche Verfärbung – bei mehreren Garnelen gleichzeitig. Sind Garnelen längere Zeit zu hohen Nitritwerten ausgesetzt, so kann dies zu hohen Verlusten führen!

Nitrit blockiert den Sauerstofftransport im Blut von Wirbeltieren, was nach längerer Zeit zum Ersticken führt. Bei Garnelen sind ähnliche Wirkungen zu erwarten. In einem gut eingelaufenen Aquarium, in dem die biologischen Abbauprozesse funktionieren, sind kaum Nitritwerte messbar. Aber gerade in der Anfangsphase eines Aquariums ist der Ammonium- und Nitritwert durch den fehlenden Abbau, da die nötigen Bakterien noch nicht vorhanden sind, immer sehr hoch.

Der Nitratwert spielt ebenfalls eine wichtige Rolle. Nitrat entsteht in erster Linie aus den Futterresten, den Ausscheidungen der Garnelen und anderen Tieren sowie aus Pflanzenresten. Nitrat ist im Gegensatz zu Nitrit nur schwach giftig. Allerdings werden in Aquarien häufig Konzentrationen von 50 oder sogar mehreren 100 mg/l gemessen. Die Garnelen zeigen dann nur schwache Farben und sind anfällig für Infektionen und Häutungsprobleme, welche im Extremfall sogar zu Todesfällen führen können.

Auch wenn Garnelen aus nitratarmem Wasser in Wasser mit sehr hohem Nitratgehalt umgesetzt werden, kann dies erhebliche Probleme mit sich bringen. Daher muss der Nitratwert so gering wie möglich gehalten werden. Durch regelmäßige Wasserwechsel und dem Einsatz vieler schnellwüchsiger Pflanzen können Nitrat und Nitrit effektiv aus dem Wasser entfernt werden.

Das Garnelenaquarium

Auch Schwimmpflanzen entfernen mit Hilfe ihrer Unterwasserblätter Nitrate aus dem Wasser. Aber Vorsicht! Erst sollte man den Nitratwert im Wasser, beispielsweise durch Einsatz eines Nitrat bindenden Filtermaterials wie Nitrat-Ex, senken und danach die Pflanzen einsetzen. Denn hohe Nitratwerte hemmen das Pflanzenwachstum! Es hilft also nicht, schnell wachsende Pflanzen einzusetzen, wenn diese infolge eines hohen Nitratwerts nicht wachsen.

Gegenüber der Wasserhärte zeigen Garnelen eine hohe Toleranz, deswegen braucht diese im Allgemeinen nicht weiter beachtet werden. Der Idealwert liegt bei 10 bis 12 °dGH. Man hört zwar immer wieder, dass Garnelen hartes Wasser zum Aufhärten des Panzers benötigen würden, doch erfolgt die Aufnahme von Calcium, das sie für die Aushärtung des Panzers benötigen, überwiegend über das Futter.

Die Karbonathärte sollte zwischen 5 und 15 °KH und der pH-Wert um 6,5 bis 7,5 liegen. Der pH-Wert ist seinerseits vom im Wasser enthaltenen CO_2, andererseits auch von der Karbonathärte abhängig. Der pH-Wert reicht von 0 bis 14 und gibt an, ob das Wasser sauer, neutral oder basisch ist. Reines Leitungswasser ist meist leicht alkalisch und hat – je nach Region – meist einen pH-Wert von 7,5 bis 8,0. Härteres Wasser hat grundsätzlich einen höheren pH-Wert, um 7,2, weiches Wasser oft unter 6,8.

Empfehlenswert ist, dass die Karbonathärte nicht niedriger als 2 °KH liegt, da sonst der pH-Wert stark schwanken kann, was für die Garnelen negative Auswirkungen auf ihre Gesundheit hätte.

> **Achtung!** Durch ständige Schwankungen der Wasserparameter wird das Immunsystem geschwächt, was dazu führt, dass die Tiere anfälliger für Krankheiten werden. Aus diesem Grund sind beim Wasserwechsel die etwa gleichen Wasserwerte zu verwenden.

Wichtige ist auch die Qualität des Wassers. Garnelen lieben klares, sauerstoffreiches, nicht zu warmes Wasser. Ist der Sauerstoffgehalt zu gering, zeigen die Tiere Unwohlsein und erkranken. Deshalb muss eine gute Belüftung, beispielsweise durch einen Sprudelstein oder eine starke Wasseroberflächenbewegung mittels des Filterauslaufrohrs, zu den Grundvoraussetzungen bei der Haltung von Garnelen gehören.

Mindestens ebenso wichtig ist es, die Keimzahl im Aquarienwasser möglichst gering zu halten. Wer viel füttert oder zu wenige Wasserwechsel vornimmt, der erreicht aber genau das Gegenteil, was durch Futterreste, Ausscheidungen der Garnelen und abgestorbenen Pflanzenresten auch erhöhte Nitrat-, Phosphat- und Ammoniakwerte mit sich bringt, die ebenfalls zu Häutungsproblemen oder Krankheiten führen können. Um solchen Problemen vorzubeugen, sollte man daher also regelmäßig, am besten einmal in der Woche, auf einen 30 bis 50 %-igen Wasserwechsel nicht verzichten.

Bei der Wassertemperatur hat jede Art ihre spezifischen Anforderungen. Im Allgemeinen sind Garnelen bei Temperaturen zwischen 18 und 26 °C zu halten. Amano- und Fächergarnele kommen beispielsweise aus wärmeren Gefilden und sollten nicht unter 24 °C Wassertemperatur gehalten werden.

Mehr zu den Ansprüchen der einzelnen Garnelen finden Sie im Artenteil, Seite 66 bis 78.

Ein Schwamm vor dem Filteransaugrohr schützt Garnelen und Jungfische.

Die erforderliche Beleuchtung richtet sich nach den Ansprüchen der Pflanzen. Für die Garnelen ist die Beleuchtung nur von nebensächlicher Bedeutung.

In diesem Kapitel wenden wir uns der Technik eines Garnelenaquariums zu. Die technische Ausrüstung für ein Garnelenaquarium ist nicht ganz so aufwendig wie bei Aquarien, in denen Fische gepflegt werden. Da im natürlichen Lebensraum der Garnelen die Temperaturen – abhängig von Jahreszeit und Herkunft – zwischen 14 bis 26 °C schwanken, kann bei einer Raumtemperatur von um 22 °C in den meisten Fällen gänzlich auf eine Heizung verzichtet werden.

An die Beleuchtung stellen die Garnelen keine besonderen Ansprüche. Die üblicherweise gängige Beleuchtungsstärke (4000-9000 K) ist völlig ausreichend. Es kommt auf den Pflanzenbesatz an, welche Leuchtstoffröhren sinnvoll zu verwenden sind. Um das Aquarium möglichst naturnah zu beleuchten, empfiehlt sich eine Leuchtstoffröhre mit Tageslicht- und Vollspektrum. Das abgestrahlte Licht ist hell und lässt die Farben von Garnelen und Pflanzen natürlich erscheinen. Auch für kleine Schreibtischaquarien werden spezielle Lampen mit Fassung angeboten, welche trotz ihrer geringen Größe eine gute Lichtausbeute bieten und ohne großen Aufwand leicht nachzurüsten sind.

Mittlerweile werden immer mehr Garnelenaquarien ohne jegliche Technik betrieben, denn eine Filterung ist nicht grundsätzlich notwendig. Vernünftig bepflanzte Aquarien mit gutem Pflanzenwachstum können durchaus auch ohne Filtertechnik funktionieren.

Aber Vorsicht! Da Pflanzen nachts keinen Sauerstoff produzieren, sondern ganz normal atmen, wird über Nacht bis zum Einschalten der Beleuchtung der Sauerstoffgehalt langsam abnehmen und kann zu Sauerstoffmangel führen.

> **Hinweise:** Wenn sich viele Pflanzen in einem Aquarium befinden und keine zusätzliche Filterung oder zumindest eine Belüftung vorhanden ist, dann kann es nachts zu Sauerstoffmangel kommen!

Viele Leser werden sich nun fragen, wie denn ein Aquarium ohne Filter funktioniert? Zwei Faktoren spielen bei filterlosen Aquarien eine entscheidende Rolle: der Mulm und der Aquarienkies. Aquarienkies wirkt wie ein biologischer Filter, da seine Oberfläche porös ist und sich deshalb viele Bakterien auf seiner Oberfläche ansiedeln. Folgerichtig sollte man in einem filterlosen Aquarium keinen kunststoffummantelten Kies verwenden, da die Bakterien hier aufgrund der glatten Oberfläche nur wenige Möglichkeiten finden sich anzusiedeln.

Von fast noch größerer Bedeutung ist der Mulm. Mulm, auch Detritus genannt, ist kein Abfall, sondern ein idealer Siedlungsraum für Mikroorganismen, die für die Stabilität des Aquarienmilieus sorgen.

Technik im Garnelenaquarium

In Garnelenaquarien, in denen sich genügend Mulm ansammelt, kann man generell auf einen Filter verzichten, auf Mikroorganismen jedoch nicht. Wichtig ist, dass bei Aquarien ohne Filter keinesfalls auf den wöchentlichen Teilwasserwechsel verzichtet werden darf! Wer dennoch gefilterte Aquarien bevorzugt, dem bieten sich unterschiedliche Filtermöglichkeiten an. Generell sollte man auf eine nicht zu starke Strömung achten. Ebenso sollten die Filteröffnungen so gesichert sein, dass Garnelen nicht angesaugt werden können.

Innenfilter sind wohl die in der Aquaristik gängigste Methode der Reinigung. Diese sind jedoch, aufgrund der meist sehr großen Ansaugöffnungen, für ein Garnelenaquarium nur bedingt geeignet. Hier besteht die Gefahr, dass junge Zwerggarnelen angesaugt werden, was den Tod zur Folge haben kann, so sie nicht rechtzeitig entdeckt und befreit werden. Man kann den Filtereinlauf zwar mit einem alten Netz oder Nylonstrumpf sichern, sodass keine jungen Garnelen mehr eingesaugt werden, doch hat dieses den Nachteil, dass sich der Nylonstrumpf schnell mit angesaugten Schmutzpartikeln zusetzt und eine regelmäßige Reinigung unumgänglich ist.

Eine Alternative zur Innenfilterung sind Hänge- oder Rucksackfilter. Dieser Filtertyp ist jedoch nur für Aquarien ohne oder mit speziellen Abdeckungen geeignet. Hängefilter werden von außen an die Scheibe des Aquariums gehängt und es befindet sich nur das Ansaugrohr im Wasser. Das Ansaugrohr des Filters kann man am besten mit einem Stück nicht zu grobem Filterschwamm

sichern, was verhindert, dass die Garnelen angesaugt werden.

Für größere Aquarien haben sich Motoraußenfilter bestens bewährt. Diese Filter sind bequem unter oder hinter dem Aquarium aufzustellen und es befinden sich nur wenige störende Schläuche im Aquarium. Der Vorteil gegenüber dem Innenfilter ist, dass sie besser gereinigt werden können, über ein größeres Filtervolumen verfügen und so längere Standzeiten haben. Außerdem kann man Außenfilter mit den unterschiedlichsten Filtermaterialien bestücken. Da auch die Ansaugöffnung des Außenfilters für Garnelen eine große Gefahr darstellt, sollte man diese ebenfalls mit einem Stück Filterschwamm, den man über das Ansaugrohr stülpt, sichern.

Eine sehr einfache, kostengünstige und garnelensichere Methode der Wasserumwälzung, besonders für kleinere Aquarien bis etwa 120 l, sind mit Luft

Motorinnenfilter sind für Garnelen oft zu kräftig. Für kleine Garnelen besteht die Gefahr, dass sie in den Filter gesaugt werden. Foto: bede

Mit Luft betriebene Schwammfilter sind für Garnelenaquarien sehr gut geeignet. Fotos: JBL

Hamburger Mattenfilter, HMF, sind zunächst farblich sehr unästhetisch, aber die Farbe wird später natürlicher und die Matte kann mit Javafarn und anderen Aquarienpflanzen getarnt werden. Weitere Informationen zum Einbau eines Mattenfilters unter: www.labyrinthfische.de/html/einrichtung.html
Foto:
Sven Müller

betriebene Filter. Hier gibt es von verschiedenen Herstellern unterschiedliche Modelle.

Meist sind sie mit einer Schaumstoffpatrone ausgestattet und haben sich in kleinen Garnelenaquarien bisher am besten bewährt. Der mit Luft betriebene Dreiecksfilter hat sich in meinen Aquarien als sehr praktisch erwiesen. Diese Filter haben – im Gegensatz zu anderen Modellen – den Vorteil, dass man sie in den Bodengrund eingraben kann und sie so in den Aquarien praktisch unsichtbar sind. Ein weiterer Vorteil von Luftfiltern ist, dass sich die Filter mehrerer Garnelenaquarien durch eine Membranpumpe betreiben lassen und sich so der technische und finanzielle Aufwand um einiges reduzieren lässt. Mit einer 40 W-Luftpumpe können leicht 60 Garnelenaquarien betrieben werden.

Der Hamburger Mattenfilter, kurz HMF genannt, tauchte ursprünglich in den 1960er Jahren in verschiedenen Zuchtkellern im Hamburger Raum auf. Dieser Filter ist für handwerklich unbegabte Menschen relativ einfach selbst anzufertigen und funktioniert vom Prinzip her wie ein Luftfilter. Üblicherweise besteht der HMF aus einer großen, groben Filtermatte, die sich über den gesamten Querschnitt des Aquariums zieht. Die Vorteile des HMF liegen darin, dass er eine sehr große Filteroberfläche bietet, auf der sich mehr Bakterien ansiedeln können. Außerdem ist der HMF recht kostengünstig, vor allem im Vergleich zu Außenfiltern, da man sich lediglich die Matte, einige Rohre und eine Kreiselpumpe anschaffen muss. Hinzu kommt, dass die Wartung gering und die Standzeit wesentlich höher ist.

Der entscheidende Vorteil aber ist, dass keine Jungtiere – egal ob Fisch oder Garnele – angesaugt werden. Ein Nachteil ist die Ästhetik; die meist blaue Matte stört vor allem am Anfang die Wirkung des Aquariums. Jedoch nimmt sie bereits nach wenigen Wochen eine dunkelgrünbraune Farbe an und fügt sich dann besser in das Gesamtbild. Zudem kann man sie beispielsweise mit Javafarn oder Ähnlichem bepflanzen und hat somit noch einen dekorativen Effekt. Ein weiterer Nachteil ist, dass durch die Matte rund 10 cm Raum im Aquarium verloren gehen. Dafür hat man aber einen höchst aktiven, biologisch arbeitenden Filter, der eine lange Standzeit hat und sich sowohl in kleinen als auch in sehr großen Aquarien – als Alternative zu den handelsüblichen Filtern – bewährt hat.

Die Ernährung der Garnelen

Garnelen sind im Prinzip Allesfresser und stürzen sich auf alles Fressbare, was ihnen angeboten wird. Im Aquarium sind die Tiere den ganzen Tag auf der Suche nach Futter, durchwühlen den Mulm nach Fressbarem und suchen im Kies nach Nahrungsresten.

Doch gerade die Ernährung spielt bei der Garnelenhaltung eine wichtige Rolle. Sehr oft kann es bei Futter, das einen zu hohen Gehalt an tierischen Protein hat, zu Mangelerscheinungen und Häutungsproblemen kommen, was nicht selten zum Tod oder zu Missbildungen an Scheren, Fühlern oder Schreitbeinen führt. Häutungsprobleme zeigen sich beispielsweise als Risse oder Bruchstellen, vor oder nach der Häutung, am Pan-

zer oder bei Tieren, die nach der Häutung ihre alte Hülle nicht schnell genug verlassen konnten (s. hierzu a. Seite 41).

In der Natur ernähren sich Garnelen überwiegend von kleinsten Pflanzenteilen und vom Aufwuchs auf Laub und Ästen. Neben verschiedenem Fischfuttersorten wie Flocken-, Frost- und Lebendfutter fressen sie auch verschiedene Algen. Einige Arten, zum Beispiel *C. multidentata*, haben sich als ausgezeichnete Algenvertilger bewährt.

Neben Äpfeln, Birnen und Erdbeeren mögen sie ganz besonders überbrühtes Gemüse wie Erbsen und Karotten oder Salatblätter, Rosenkohl und Gurkenscheiben. Garnelen werden auch als Gesundheitspolizei bezeichnet, da sie

Fächergarnelen sind Filtrierer, die überwiegend feinste Futterpartikel aus dem Wasser filtern.

Eine erst vier Wochen junge Schneeflöckchengarnele, *Macrobrachium kulsiense*, beim Fressen einer gefrosteten *Artemia*.

chen von Garnelen und Krebsen. Durch ihre spezielle Zusammensetzung beugen sie Häutungsproblemen vor, ermöglichen das Abwerfen des alten Panzers, fördern die Bildung eines gesunden neuen Panzers und dessen schnelle Aushärtung. Ein weiterer Vorteil der Sticks ist – im Gegensatz zu Futtertabletten –, dass diese 24 Stunden wasserstabil sind und eventuell liegen gebliebene Sticks die Wasserqualität nicht unnötig belasten.

Nebenbei sollte man auch ab und an Laub – wie Seemandelbaumblätter oder getrocknete Eichenblätter – nebst Grünfutter zufüttern.

Da es sich bei der Färbung einiger Arten, vor allem bei den Rottönen wie von Crystal red oder Red Cherry, um Fettfarben handelt, die in den Zellen der Garnelen eingelagert sind, sollten sie unbedingt ab und an mit Carotinen gefüttert werden. Ohne Zugabe der Carotine würden die Farben mit der Zeit verblassen, da Garnelen die rote Fettfarbe nicht selbst produzieren können. Carotine sind zu den Carotinoiden gehörige Naturfarbstoffe, die in vielen Pflanzen vorkommen, besonders in den farbigen Früchten, Wurzeln und Blättern. Sie gehören zu den sekundären Pflanzenstoffen. Carotine sind beispielsweise in *Cyclops*, Möhren, Paprika und auch in speziellen Granulatfuttersorten, was zur Farbverstärkung auch bei Fischen beiträgt, enthalten.

übrig gebliebenes Futter – ja selbst tote Fische – verwerten, was der Wasserqualität nur zum Vorteil kommt, da das Wasser nicht unnötig belastet wird.

> **Hinweis:** Da Kalk und Calcium vorwiegend über das Futter aufgenommen werden, sollte die Ernährung den Panzeraufbau unterstützen.

Shrimp Sticks sind ein speziell entwickeltes Garnelenfutter für die Rottöne der Garnelen. Foto: Tropical

Vor allem *Spirulina*-Algen, die als Pulver, in Tablettenform oder auch als spezielles, für Garnelen entwickeltes Garnelenfutter angeboten werden, enthalten essentielle Mineralien wie Eisen, Calcium, Kalium und Magnesium. Diese spielen bei der Bildung des neuen und bei der Aushärtung des alten Panzer eine wichtige Rolle. Dieses Futter, in Stick- oder Granulatform, wurde speziell für Garnelen entwickelt.

Ein hoher Grünkostanteil mit *Spirulina*-Algen, Mineralstoffen und Proteinträgern entspricht den Nahrungsansprü-

Zur Unterstützung des Immunsystems bei Wirbellosen kann das Brennnesselkraut, *Urtica dioica*, sehr gut eingesetzt werden. Die Brennnessel ist bereits fertig gehackt oder als Pulver erhältlich. Man sollte aber darauf achten, dass man

Die Ernährung der Garnelen

nur *Urtica dioica* verfüttert. Denn nur in *U. dioica* kommt zu 0,03 bis 1,6 % Kaffeoyläpfelsäure vor; es enthält zudem in kleinen Mengen Acetylcholin, Histamin, Serotonin und Leukotriene (Arachidonsäure). Einige dieser Stoffe wirken entzündungshemmend. Außerdem kommt es zur vermehrten Produktion von Sexualhormonen, welche zur gesteigerten Fortpflanzungsbereitschaft bei Garnelen führt. Das Brennnesselkraut sollte kurz in Wasser eingeweicht und dann zwei- bis dreimal pro Woche auf die Wasseroberfläche gestreut werden. Die Garnelen stürzen sich regelrecht darauf.

Wie schon im Kapitel Einrichtung angesprochen, lieben Garnelen Laub. Die Tiere halten sich sehr gerne darauf auf, grasen es ab und verwerten es als Futter. Desweiteren bietet Laub in einem naturnah eingerichteten Aquarium auch noch einen dekorativen Anblick. Jedoch kann zu viel Laub im Aquarium auch negative Auswirkungen auf dem pH-Wert haben und durch Abgabe von einem Übermaß an Huminstoffen, welche die Blätter einst produzierten und speicherten, einen Säuresturz verursachen. Am besten gibt man zwei bis drei getrocknete Blätter auf 100 l Wasser. Das Wasser bekommt nach einiger Zeit einen schönen bernsteinfarbenen Ton, bleibt dabei aber glasklar. Die Blätter werden einfach auf die Wasseroberfläche gelegt.

Hinweis: Wenn Krebstiere zu viele tierische Proteine erhalten, dann findet ein zu schnelles Wachstum statt und die Häutung kann den Tod zur Folge haben!

Halbwüchsige Red-Cherry-Garnelen bei der Nahrungsaufnahme.

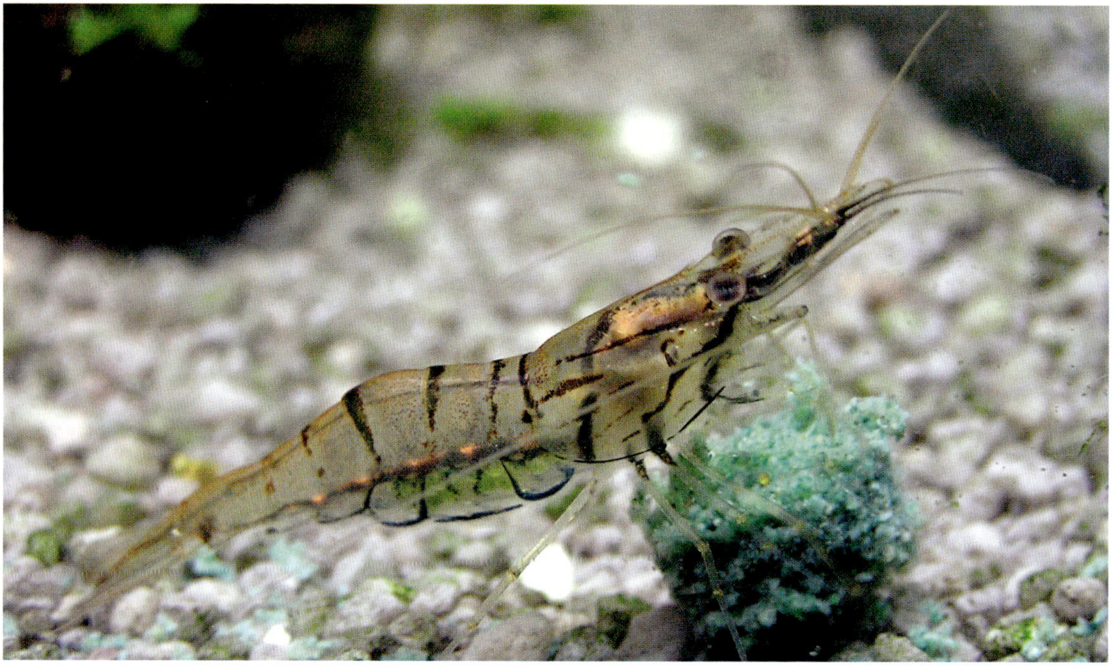

Glasgarnele, *Macrobrachium lanchesteri*, beim Fressen

JBL-Futter Novoprawn, Futterperlen für Süßwassergarnelen.

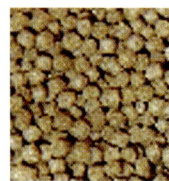

Nach ein bis zwei Tagen haben sie sich mit Wasser voll gesaugt und sinken zu Boden.

Als weitere Nahrungsergänzung kann das Seealgenmehl, *Ascophyllom nodosum*, zugefüttert werden. Dieses unterstützt die Fruchtbarkeit, regt den Blutaufbau an und stabilisiert den Stoffwechsel bei Wirbellosen. Der Knotentang, aus dem das Seealgenmehl hergestellt wird, wird heute hauptsächlich für die Nahrungsergänzungsindustrie geerntet. Dank seiner außerordentlich reichen Inhaltsstoffe (Rohprotein 4,0 %, Rohasche 15,0 %, Rohfaser 6,0 %) und vor allem wegen seinem sehr hohen Jodgehalt, ist er ein hervorragendes Produkt für die Ernährung von Plankton fressenden Fischen und Korallen, Muscheln und anderen Wirbellosen. Man mischt das Algenmehl am besten dem Granulat- oder Frostfutter bei oder gibt es in selbst gemachtes rein pflanzliches Frostfutter. Es eignet sich auch besonders bei Junggarnelen zum Aufstreuen auf die Wasseroberfläche. Bei kleinen Aquarien ist darauf zu achten, dass bei häufiger Fütterung das Wasser stark belastet wird und deshalb wöchentlich oder besser noch öfter gewechselt werden sollte.

Legen Sie auch ruhig zwei bis drei Fastentage in der Woche ein, um den Garnelen die Möglichkeit zu geben, mögliche Algen als Nahrung abzugrasen oder liegen gebliebene Futterreste zu vertilgen.

Garnelenkauf und Eingewöhnung

Immer wieder wird die Frage gestellt: Wie viele Garnelen lassen sich eigentlich in einem Aquarium pflegen? In der Natur kommen Garnelen in sehr hohen Populationsdichten vor. Das heißt jedoch nicht, dass man Garnelen in einem Aquarium neben- oder gar übereinander stapeln darf. Es lässt sich nicht pauschal festlegen, wie viele Garnelen man in einem Aquarium halten kann, ohne dass es überbesetzt ist. Ein Überbesatz hätte zur Folge, dass die Garnelen sich nicht mehr vermehren (siehe hierzu auch Seite 34, Kapitel Zucht).

In ein 60 cm-Aquarium können etwa zwanzig Zwerggarnelen als Erstbesatz einziehen. Mehr ist möglich, doch sollte man darauf achten, dass die meisten Garnelen bald Nachwuchs produzieren werden. Eine grobe Richtlinie für eine mögliche Besatzdichte ist: eine Garnele pro Liter Aquarienwasser.

Nachdem das neue Aquarium gut eingefahren, und nach einer abschließenden Prüfung der Wasserwerte alles in Ordnung ist, können endlich die ersten Garnelen gekauft werden.

Woher bekommt man nun seine ersten Garnelen? Sie erhalten diese im gut sortierten Zoofachhandel. Mittlerweile gibt es auch Züchter, die sich auf Wirbellose spezialisiert haben. Wenn man einen Händler oder Züchter in seiner Nähe gefunden hat, dann sollte man als Erstbesatz immer eine kleinere Gruppe von zehn oder mehr Tieren einer Art erwerben. Auf keinen Fall weniger, da Garnelen sehr gesellige Tiere sind und bald verkümmern würden, wenn sie nicht genügend Artgenossen um sich haben.

Zu Hause angekommen müssen die Garnelen erst einmal an die Wasserwerte im neuen Aquarium angepasst werden. Hierbei gilt: Je länger und langsamer die Garnelen umgewöhnt werden, desto besser ist es für die Garnelen, denn sie reagieren beim Umsetzen auf schwankende Wasserparameter empfindlicher als Fische. Zu schnell umgesetzte Garnelen erleiden unter Umständen einen Osmoseschock, der unweigerlich den Tod zur Folge hat.

Tipp Neueinsteiger in der Garnelenhaltung sollten als Erstbesatz nicht zu anspruchsvolle Arten auswählen. Hier können Sie sich aber vom Züchter oder Fachhändler beraten lassen.

Als Erstbesatz sollte man immer eine kleine Gruppe von mindestens zehn Tieren oder mehr erwerben.
Foto: Dr. J. Schmidt

Folgende Eingewöhnungsmöglich-
keiten haben sich bestens bewährt:
– Um die Temperaturdifferenz anzuglei-
chen, sollte man den Beutel vor dem
Öffnen für circa 30 min in verschlos-
senen Zustand auf die Wasseroberfläche legen. In dem Beutel befindet sich
in der Regel ausreichend Sauerstoff,
damit die Tiere diese Prozedur ohne
Schaden überstehen.
– Um die übrigen Wasserparameter
(pH-Wert, dGH, KH, elektrische Leit-
fähigkeit) langsam anzupassen, empfiehlt es sich, das Aquarienwasser
schluckweise, über einen Zeitraum
von mindestens einer Stunde oder
länger, in den geöffneten Beutel zu
geben. Weitere 30 bis 60 Minuten
später haben sich die Garnelen an die
neuen Wasserwerte gewöhnt und
können nun entweder mit dem Wasser oder vorsichtig mit einem Netz ins
Aquarium überführt werden.
– Eine andere Möglichkeit, die Tiere um-
zugewöhnen, ist, den Beutel zu öffnen,
ihn langsam in einen leeren Eimer
umzufüllen und diesen erst einmal etwa
30 min bei Raumtemperatur abgedeckt
– da die Garnelen sonst aus dem Eimer
springen könnten – stehen zu lassen.
Danach füllt man alle paar Minuten, bis
der Eimer voll ist, Aquarienwasser nach.
Am besten verwendet man hierzu einen
dünnen Luftschlauch, wie er für luftbe-
triebene Filter üblich ist und lässt das
Wasser langsam eintropfen. Ist das
Transportwasser mit 75 % Aquarienwasser vermischt, was circa 60 Minuten
dauert, so können die Garnelen wie
oben bereits beschrieben in ihr neues
Quartier eingesetzt werden.

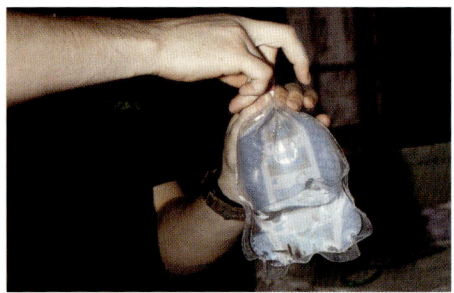

Garnelenkauf und Eingewöhnung

Tipp **Vorsicht!** Garnelen bleiben leicht im Eimer oder im Transportbeutel hängen. Sorgfältig kontrollieren, dass dies nicht der Fall ist.

Bei verschiedenen Garnelen kommt es stressbedingt durch den Transport und das Umsetzen zu einem vorübergehenden Farbverlust. Das kann sogar so weit gehen, dass sich die Tiere komplett entfärben. Die Farbe wird im Laufe des Tages wieder zurückkehren und sollte nach der Eingewöhnung wieder dem Normalzustand entsprechen.

Vergesellschaftung mit Fischen

Hält man Fische und Garnelen zusammen, dann ist darauf zu achten, dass die Garnelen nicht mit Fressfeinden oder ruppigen Fischen, die ihnen nachstellen, gehalten werden. Auch sollten sie ähnliche Bedürfnisse an Haltung und Wasserqualität stellen.

Tipp Gerade Zwerggarnelen, die mit ihrer Durchschnittsgröße von 2 cm recht klein bleiben, können nicht mit großen Fischen vergesellschaftet werden, da die Fische die Garnelen als Nahrung betrachten könnten.

Bei vielen Großarmgarnelen wie *Macrobrachium assamensis*, der Ringelhandgarnele, ist es meist umgekehrt. Diese Garnelen erbeuten durchaus kleine Fische. Auch sollte man beachten, dass Garnelen in Gesellschaft von Fischen kaum zu sehen sind, weil sie sich permanent verstecken und so ihr interessantes Verhalten für den Betrachter verloren geht.

Das Gabelschwanz-Blauauge, *Pseudomugil furcatus*, ist einer jener Fische, die gut zur Vergesellschaftung mit Zwerggarnelen geeignet sind. Foto: H.-J. Richter

Garnelen lassen sich gut mit kleinen Harnischwelsen wie *Ancistrus*- und *Otocinclus*-Arten oder anderen Saugwelsen sowie auch mit verschiedenen Panzerwelsen oder Dornaugen, vergesellschaften. Es gibt aber genug andere klein bleibende Fische, mit denen man Garnelen halten kann. Kleine Salmler verhalten sich relativ friedfertig gegenüber Zwerggarnelen, selbst wenn diese in größeren Gruppen gehalten werden. Ebenso ist es bei allen anderen Fischen, die den Garnelen nicht nachstellen, wie verschiedene kleine Zwergregenbogenfische (dazu gehören Gabelschwanz- oder Geflecktes Blauauge). Auch bei verschiedenen Lebendgebärenden wie Guppys oder Platys ist eine Vergesellschaftung problemlos möglich.

Vergesellschaften Sie Garnelen mit Fischen, so denken Sie daran, dass der zu erwartende Garnelennachwuchs kaum überleben wird, da er als Nahrung der Fische endet.

Garnelen sind ausgezeichnete Versteckkünstler die sich Im Aquarium ihrer Umgebung perfekt anpassen können. Hier die Marmorgarnele, *Neocaridina palmata*.

Vergesellschaftung mit anderen Garnelen oder Krebsen

Auch eine Vergesellschaftung von Garnelen und Flusskrebsen wie diesem *Orconectes durellii* ist in manchen Fällen problemlos möglich.

Auch eine Vergesellschaftung mit verschiedenen *Cherax*- oder Zwergkrebsarten klappt meist problemlos, jedoch sollte man bei Letzteren etwas vorsichtiger sein. Normalerweise sind Garnelen viel schneller und wendiger als Zwergkrebse, dennoch kann der Krebs unvorsichtige oder geschwächte Garnelen, beispielsweise nach einer Häutung, als Nahrungsquelle betrachten.

In einem großen, versteckreich eingerichteten Aquarium mit genügend Bepflanzung ist eine Vergesellschaftung aber durchaus möglich.

Wenn man mehrere Garnelen zusammen in einem Aquarium halten und züchten möchte, muss man bedenken, dass sich auch einige nahe verwandte Arten untereinander kreuzen können. Im Internet findet man zu diesem Thema zahlreiche Tabellen. Viele davon enthalten nur Vermutungen, welche den jeweiligen Kenntnissen des Autoren der Tabelle entsprechen. Wiederum weiß man bei einigen Arten, dass sich diese problemlos kreuzen lassen. Die Folgen einer solchen Kreuzung kann man am Beispiel von Mischlingen (Bastarden), aus Hummel- und Bienengarnelen oder der White Pearl- und Red Cherry-Garnelen sehen, welche zur Zeit zum Kauf angeboten werden. Es gibt sicher Züchter, die gezielt darauf hinarbeiten. Aber was spricht eigentlich gegen Mischzuchten? In der Botanik ist das Züchten von Hybriden üblich, siehe die vielen *Echinodorus*-Zuchtformen oder erst recht bei Garten- und Zimmerpflanzen.

Was wäre nun, wenn es gelingen würde, eine Grüne Garnele mit einer Tigergarnele zu kreuzen? Heraus würde dann vermutlich eine Grüne Tigergarnele entstehen, was jedoch ziemlich unwahrscheinlich sein mag. Einige Züchter würden diese Grüne Tigergarnele bestimmt gern weiterzüchten wollen. Hierzu mag es aber sicherlich unter-

Garnelenkauf und Eingewöhnung

schiedliche Ansichten geben. Wichtig ist auf jeden Fall, dass Mischlinge auch als solche verkauft werden und der Käufer darauf hingewiesen wird! Bei Regenbogenfischen gab es beispielsweise schon viel Ärger, weil Leute die Mischzuchten als „neue Arten" und unter zu hohen Preisen verkauften. Inwieweit sich also unsere bisherigen anderen Garnelenarten, die in unseren Aquarien verbreitet sind, kreuzen können, lässt sich nicht genau sagen, da längst noch nicht alle Kreuzungsmöglichkeiten erforscht sind. Man geht davon aus, dass sich nur nahe verwandte Arten miteinander vermischen können. Um Mischzuchten zu vermeiden, kann man grundsätzlich sagen, dass die Vergesellschaftung jeweils einer Art aus zwei unterschiedlichen Gattungen, wie beispielsweise einer *Neocaridina*- und *Caridina*-Art,

unproblematisch ist und eine Kreuzung als eher unwahrscheinlich gilt, dennoch aber nicht ausgeschlossen ist. Wer also strikt gegen Bastarde ist und daher ganz sicher gehen möchte, dass man keine Mischlinge erhält, sollte jede Art in einem eigenen Aquarium pflegen. Wer sagt uns aber, dass die Tiger-, oder Hummelgarnele nicht auch eine Laune der Natur oder bereits ein Mischling ist?

Hummel-Biene-Hybride – ein Beispiel einer ungewollten Kreuzung.

Häufig ist bei Garnelen ein kannibalisches Verhalten zu beobachten. Das heißt nicht, dass Zwerggarnelen sich auf gesunde Artgenossen oder Fische stürzen. Im Normalfall fallen sie erst über tote Tiere her. Es kann jedoch vorkommen, dass bereits kranke oder geschwächte Tiere angefallen und innerhalb kürzester Zeit aufgefressen werden.

Unten:
In dicht bepflanzten Aquarien fühlen sich Garnelen wohl, hier die Algengarnele, *Caridina cantonensis*. Trotzdem verstecken sie sich von Natur aus gern im Dickicht. Foto: bede

Die Zucht der meisten Zwerggarnelen ist nicht schwer. Jedoch verringert sich mit zunehmender Populationsdichte die Aussicht auf Nachwuchs und das Wachstum der Tiere verlangsamt sich deutlich. Welches Phänomen dafür verantwortlich ist, vermag ich derzeit nur zu vermuten. Eine Möglichkeit wäre, dass ein natürlicher Schutzprozess eine Überbevölkerung verhindert, welcher in der natürlichen Umgebung dafür sorgt, dass die Tiere bei Trockenzeit genügend Nahrung finden und so das Überleben möglichst vieler Garnelen gesichert ist.

Die Weibchen der meisten Arten aus den Gattungen *Caridina* und *Neocaridina* entlassen Larven, deren Entwicklung bereits weit vorangeschritten ist. Jedoch gibt es auch hier einige spezialisiertere Arten.

Geschlechtsunterschiede

Für eine erfolgreiche Vermehrung braucht man natürlich ein Männchen und ein Weibchen. In größeren Gruppen ist die Chance größer, dass beiderlei Geschlechter vorhanden sind. Wie aber lassen sich Männchen und Weibchen unterscheiden?

Grundsätzlich lässt sich feststellen, dass Weibchen größere und leicht nach außen gewölbte Bauchtaschen haben. Sie werden oft größer, wirken bulliger und sind bei einigen Arten etwas intensiver in der Farbe. Ein unverwechselbares Kennzeichen jedoch ist es, wenn das Weibchen Eier zwischen den Schwimmbeinen trägt. Ebenso ist bei laichbereiten Weibchen der Eifleck im Nacken zu erkennen, welcher bei den Männchen fehlt.

Zucht

Männchen wirken meist schlanker, haben einen flacheren Bauch, sind kleiner und tragen einen kürzeren Kopfpanzer als die Weibchen.

nach einem Wasserwechsel beobachtet werden, welcher die Garnelen zur Häutung und somit oftmals dann auch zur Paarung anregt.

Glasgarnelenweibchen: Hier erkennt man durch die Eihüllen bereits die schwarzen Augen der Larven.

Die Fortpflanzung

Die Eiproduktion beginnt im Nackenbereich der Weibchen und wird als Eifleck oder Laichansatz bezeichnet. Je nach Art kann der Laichansatz unterschiedlich gefärbt sein, bei Red Cherry-Garnelen ist dieser beispielsweise als gelber Nackenfleck erkennbar. Glasgarnelen bekommen einen olivgrünen Nackenfleck, die White Pearl-Garnele dagegen einen weißen. Nachdem der Laichansatz so weit entwickelt ist, dass die Eier befruchtet werden können, häutet sich das Weibchen. Um von den Männchen, als für die Begattung bereit, erkannt zu werden, sondert das Weibchen während der Häutung Duftstoffe (Pheromone) ab. Bemerkbar macht sich dieses für den Aquarianer am sehr aktiven Schwimmen der Garnelen kreuz und quer durch das Aquarium. Dieser Vorgang kann oft

Hat ein Männchen ein zur Paarung bereites Weibchen gefunden, so versucht es sich an ihren Rücken zu heften und ein Samenpaket abzugeben. Dazu rutscht das Männchen an der Seite des Weibchens herunter oder aber das Männchen liegt auf dem Rücken unter dem Weibchen und gibt unter Zuhilfenahme der ersten beiden Schwimmbeinpaare, die zusammen ein Kopulationsorgan bilden, ein mit einer Schutzhülle umgebenes Samenpaket im Bereich der weiblichen Geschlechtsöffnung ab. Diese befindet sich beim Weibchen zwischen den Schreitbeinen. Die Begattung ist oft nur von kurzer Dauer. Einige Minuten nach der Begattung beginnt die Eiablage. Dabei nimmt das Weibchen eine gekrümmte Haltung ein und schiebt ihren Schwanzfächer zwischen die Schreitbeine, dorthin, wo sich das Spermapaket befindet. Nun presst

Neocaridina cf. *zhangjiajiensis*-Weibchen – der weiße, ovale Fleck im Nacken zeigt bei diesem Weibchen die Eimasse, die nach der nächsten Häutung über den Rücken in die Bauchtaschen abgegeben wird.

es die Eimasse über den Rücken durch die Geschlechtsöffnung in die Bauchtasche. Während dieses Vorgangs vermischen sich die gelartigen Samen des angehefteten Samenpakets mit der Eimasse und es kommt zur Befruchtung. Anschließend werden die Eier mit einem Haftschleim an die Schwimmbeine geheftet.

Dort werden sie jetzt vom Muttertier ausgiebig geputzt und stetig durch Fächern mit Frischwasser versorgt. Sollte eine erfolgreiche Befruchtung ausbleiben, werden die Eier abgestoßen und sind nach einigen Tagen verschwunden. Die meisten Zwerggarnelen tragen dunkle Eier. Mit fortschreitender Tragzeit werden sie zunehmend durchsichtiger, sodass man die Larven mit ihren dunklen Augen durch die Eihülle erkennen kann. Nach rund vier bis sechs Wochen schlüpfen die Larven.

Crystal red-Garnelenweibchen mit Eiern.
Im Vergleich zur Amano-Garnele tragen Garnelen des spezialisierten Fortpflanzungstyps deutlich weniger und größere Eier.

Fortpflanzungstypen

Garnelenarten mit großen Eiern bringen nach dem Schlupf oftmals fertig entwickelte Jungtiere zur Welt. Garnelen mit sehr kleinen Eiern entlassen Zoëa-Larven. Die Zoëa-Larve ist das erste von mehreren Entwicklungsstadien, an deren Ende die Junggarnele steht. Nach dem Schlupf werden die Larven vom Weibchen – meist über Nacht – mit wedelnden Bewegungen der Schwimmbeine ins freie Wasser entlassen.

> **Hinweis:** Die entlassenen Larven werden in zwei Fortpflanzungstypen unterschieden:
> – den spezialisierten und
> – den primitiven.

Beim spezialisierten Fortpflanzungstyp kommen nach einer Tragezeit von etwa vier Wochen – je nach Art – zwischen 20 und 50 fertig entwickelte Junggarnelen

Zucht

Zwei Wochen alte Crystal red. Sofort nach Entlassen gehen die Kleinen im Aquarium auf Entdeckungstour und suchen nach Fressbarem.

zur Welt, die bereits kleine Abbilder ihrer Eltern sind und sofort zum Bodenleben übergehen – wie bei der Red Cherry-Garnele. Die Garnelen dieses Fortpflanzungstyps benötigen kein Brackwasser und die Aufzucht der Jungen ist verhältnismäßig einfach. Die Junggarnelen finden bereits im Javamoos, auf Moosbällen oder im angesammelten Mulm genügend Futter. Hält man Garnelen in einem Gesellschaftsaquarium und möchte dennoch den Nachwuchs aufziehen, so sollte man das Muttertier in ein zuvor eingerichtetes Aquarium umsetzen. Aber Vorsicht!! Mit dem Umsetzen sollte man bis kurz vor dem Entlassen der Larven warten.

Das Herausfangen bedeutet für die Tiere Stress und es kann bei einem zu frühen Umsetzen vorkommen, dass die Eier vorzeitig abgestoßen werden. Am besten wartet man mit dem Umsetzen bis zu vier Wochen, nachdem man die ersten Eier entdeckt hat.

Die Zucht von Zwerggarnelen des spezialisierten Fortpflanzungstyps gelingt auch in Gesellschaftsaquarien, in denen sich genügend Versteckmöglichkeiten und eine ausreichende Bepflanzung befinden. Wer Zwerggarnelen jedoch gezielt züchten möchte, der sollte die verschiedenen Arten jeweils in einem se-

paraten Aquarium ohne Fische halten. Zum primitiven Fortpflanzungstyp gehören Garnelenarten, deren Larven nach dem Entlassen planktisch leben und erst nach einiger Zeit zur benthischen Lebensweise übergehen. Das heißt, sie wandeln sich vom im Wasser schwebenden Larvenstadium, in dem sie kopfüber durchs Wasser treiben, zum bodenorientierten um und können nach vier bis sechs Wochen am Boden krabbeln und fressen. Dies ist unabhängig davon, ob sich die frei schwebenden Larven im reinen Süß- oder im Meerwasser weiterentwickeln. Zu diesem Vermehrungstyp zählen Arten wie Amano-, Nashorn- oder Glasgarnelen.

Die winzigen Zoea-Larven des primitiven Fortpflanzungstyps, hier Larven der Amano-Garnele, sind kaum erkennbar.

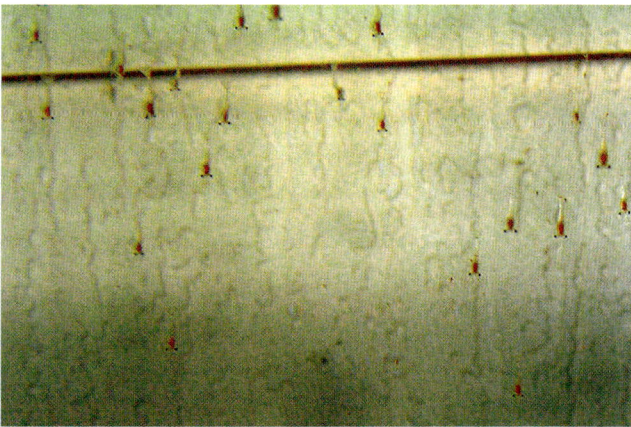

Viele Arten des primitiven Fortpflanzungstyps benötigen, bis auf einige Macrobrachien, zur Aufzucht Meerwasser. Bei der Aufzucht von Larven des primitiven Vermehrungstyps ist einiges zu beachten. Das Aufzuchtaquarium sollte ohne Bodengrund und mit einem Lüfterstein, der nur ganz leicht sprudeln darf, eingerichtet werden. Wenn dieser zu stark sprudelt, werden die Larven gegen die Scheibe getrieben und verletzt, was zu hohen Verlusten führen kann. Die Larven, darunter auch die vieler *Macrobrachium*-Arten, verfügen über ein außergewöhnliches Verhaltensmuster. Sie orientieren sich, ähnlich wie die frisch geschlüpfte Nauplien des Salinenkrebses, *Artemia salina*, nach dem Licht. Ab dem Zeitpunkt der Abgabe der Larven darf das Licht nicht mehr ausgeschaltet werden, da die Larven dem Licht zustreben und nach Abschalten der Beleuchtung orientierungslos durchs Aquarium treiben, somit das Futter nicht mehr finden und verhungern. Alternativ kann auch ein Mondlicht oder ein Nachtlicht aus dem Baumarkt mittig über dem Aquarium montiert werden. Einige Garnelen aus der Gattung *Macrobrachium* stellen ihren Jungtieren nach, andere Arten vertragen das Aufsalzen nicht und beginnen zu kränkeln. Um dies zu verhindern, sollten die Eltern aus dem Aufzuchtaquarium entfernt werden.

Je nach Garnelenart haben die Eiflecken eine unterschiedliche Färbung.
Bei der Indischen Glasgarnele ist der Eifleck grün.

Nach etwa zwei Tagen häuten sich die Larven erstmals, danach sind verlängerte Greifbeine zu erkennen. Jetzt sollte die Zufütterung beginnen, wobei die Larven ständig im Futter schwimmen müssen, denn die frei schwimmenden Jungtiere jagen ihrem Futter nicht nach, sondern warten, bis ihnen dies vor die Fangarme schwimmt.

Da die Larven ständig und schnell wachsen, braucht man alle paar Tage auch eine neue geeignete Futtergröße. Anfangs sollten die Larven mit flüssigem Plankton (Liquizell) später mit pulverförmigem Plankton und mit 100 %igem *Spirulina*-Pulver gefüttert werden. Ab einer Größe von 4 mm kann mit frisch geschlüpften *Artemia*-Nauplien sowie mit feinem Flockenfutter zugefüttert werden.

Tipp Bedingt durch die viele Fütterung im Aquarium ist es ganz wichtig, vor allem die Nitrit- und Phosphatwerte im Auge zu behalten. Zu hohe Nitritgehalte führen nach meiner Erfahrung oft zum Tod der Nachzucht, da die Häutung fehlerhaft abläuft. Noch schlimmer ist Phosphat, welches bei hohen Gehalten ebenfalls zum Tod der Nachzuchten führt.

Nach etlichen Häutungen und verschiedenen Entwicklungsstadien – bei Amano-Garnelen sind es neun – sind die Larven dann nach circa vier- bis sechs Wochen zu jungen Garnelen herangewachsen und gehen zum ständigen Bodenleben über.

Nachfolgende Tabelle zeigt, welche in der Aquaristik häufig gehaltenen Garnelen welchem jeweiligem Fortpflanzungstyp angehören.

Zucht

	Primitiver Fortpflanzungstyp	Spezialisierter Fortpflanzungstyp
Amano-Garnele, *Caridina multidendata*	X	
Algengarnele, *Neocaridina denticulata sinensis*		X
Bienen-Garnele, *Caridina cf. cantonensis* 'Biene'		X
Celebesgarnele, *Caridina gracilirostris gracillima*	0	
Crystal red, *Caridina sp.* 'Crystal red'		X
Europäische Garnele, *Atyaephyra desmaresti*		X
Fernandos Rückenstrichgarnele, *Caridina fernandoi*	X	
Glasgarnele, *Macrobrachium lanchesteri*	X	
Grüne Garnele, *Caridina babaulti*		X
Hummel-Garnele, *Caridina breviata*		X
Indonesische Fächergarnele, *Atyoida pilipes*	0	
Nektarinengarnele, *Neocaridina palmata*		X
Ninja-Garnele, *Caridina serratirostris*	0	
Pinselalgen-Garnele, *Caridina babaulti „Malaya"*		X
Radar-Fächergarnele, *Atyopsis moluccensis*	0	
Riesenfächergarnele, *Atya ganunensis*	0	
Ringelhandgarnele, *Macrobrachium assamense*		X
Rotschwanzgarnele, *Caridina sp.* 'Rotschwanz'		X
Rote Nashorngarnele, *Caridina gracilirostris*	X	
Sri-Lanka-Garnele, *Caridina brachydactyla*		X
Streifengarnele, *Caridina babaulti* 'Stripes'		X
Tüpfelgarnele, *Caridina serrata* 'Tüpfel'		X
Tigergarnele, *Caridina cf. cantonensis* 'Tiger'		X
Weißperlengarnele, *Macrobrachium cf.* 'Mirabile'		X
Weiße Nashorngarnele, *Caridina brevicarpalis endehensis*	0	
Weiß-Perlgarnele, *Neocaridina cf. zhangjiajiensis* 'White'		X

X = Zucht bereits gelungen
0 = Zucht bisher noch nicht gelungen

■ = Primitiver Fortpflanzungstyp. Können sich aber im Süßwasser entwickeln.

Da der Panzer der Garnelen nicht mitwächst, häuten sich Garnelen – ähnlich den Larvenstadien der Insekten – in regelmäßigen Abständen. Die Häutung ist für die Garnele ein sehr aufwendiger Vorgang, während dem komplizierte Stoffwechselvorgänge ablaufen.

Die Häutung wird durch kaltes Frischwasser gefördert. Erwachsene Garnelen häuten sich – je nach Fütterung und Wasserwechsel – alle vier bis sechs Wochen. Jungtiere hingegen praktisch täglich. Je älter sie werden, desto langsamer wachsen und umso seltener häuten sie sich. Ausgewachsene Garnelen häuten sich nur noch, um verloren gegangene Extremitäten zu regenerieren. Weiches oder hartes Wasser beeinflussen die Häutung der Garnelen nicht.

Ob hohe oder niedrige Karbonathärte, im Wasser spielt ebenfalls keine Rolle. Bei Garnelen, die in weichem Wasser, beispielsweise bei 5 °dGH, gehalten werden, erfolgt die Aufnahme von Kalk und Calcium vorwiegend über das Futter, in dem Panzer aufbauenden Substanzen wie Eisen, Magnesium, Calcium, Carbonat, Magnesium enthalten sind. Bei Garnelen, die in hartem Wasser gehalten werden, erfolgt der Panzeraufbau zusätzlich über das Wasser.

Was bei uns Menschen die Knochen sind, die unseren Körper in Form halten und ihm Stabilität verleihen, ist bei Garnelen der Panzer – ihr Außenskelett. Da der Panzer nicht mitwachsen kann, entwickelt sich unter der alten Haut eine neue, die auch viele Partikel und chemische Bestandteile aus der alten Haut aufnimmt. Einige Tage vor der Häutung stellen die Tiere das Fressen ein. Ab diesem Zeitpunkt wird vor allem Chitin – neben anderen wichtigen Mineralstoffen – aus der alten Hülle resorbiert. Die Garnele beginnt dann, ihren Körper mit Wasser aufzupumpen, bis die alte Hülle an einer „Sollbruchstelle" aufplatzt. Diese

Garnelen mit verwachsenen oder schlecht verheilten Wunden am Panzer überleben eine bevorstehende Häutung meist nicht. Das Foto zeigt *Macrobrachium kulsiense*, früher *M. banjarae* genannt.

Die Sollbruchstelle im Nackenbereich ist bei dieser verlassenen Haut deutlich zu sehen.

Häutung und Morphologie

Sollbruchstelle befindet sich im Nackenbereich, genauer gesagt in der Hautfalte zwischen dem Cephalothorax und dem Abdomen. Nun schnellt die Garnele in Bruchteilen von Sekunden an der Sollbruchstelle aus ihrem alten Panzer. Dieser Vorgang ist nicht ungefährlich und kostet sehr viel Kraft. Nachdem sie ihre alte Hülle verlassen hat, wird die neue Hülle, um sich zu entfalten, noch weiter mit Wasser aufgepumpt. Danach ist die Garnele um etwa 10 % gewachsen.

> **Hinweis:** Die leere Hülle des Panzers wird von Neueinsteigern nicht selten für eine tote Garnele gehalten.

Vor allem Anfänger verwechseln die leere Chitinhülle mit einer verstorbenen Garnele. Nach dem ersten Schock erkennt man jedoch, dass es nur die abgestreifte alte Haut, die Exuvie, ist. Man kann die Hülle jedoch leicht von einer toten Garnele unterscheiden, da tote Garnelen eine rosa, später orangene Färbung annehmen und die Hülle weiß bis milchig-transparent aussieht. Die Exuvie verunreinigt das Wasser nicht und kann deshalb im Aquarium bleiben, wo sie meist von anderen Garnelen als wertvolle Resource für essentielle Panzerbestandteile aufgefressen wird.

Nach der Häutung ist der neue Panzer noch weich, was seinen Träger zu einer leichten Beute, auch von Artgenossen, werden lässt. Außerdem ist der in diesem Stadium als Butterkrebs bezeichnete Panzerträger noch einige Zeit sehr stark im Sehen beeinträchtigt.

In dieser Zeit sind Veränderung der Wasserwerte und Verletzungen für die frisch gehäutete Garnele nicht ohne Risiko. Deshalb sind gut bepflanzte Aquarien mit vielen Versteckmöglichkeiten wichtig. Nach etwa drei Tagen ist der neue Panzer durch zuvor eingelagertes Calcium, welches zum größten Teil über die Nahrung aufgenommen wurde, vollständig ausgehärtet.

Bei Mangelerscheinungen oder falscher Ernährung der Tiere mit zu proteinhaltigem Futter kann es auch zu Häutungsproblemen kommen, welche oft Missbildungen nach sich ziehen. Solche Missbildungen sind gekennzeichnet durch halbe oder krumme Fühler, verkrüppelte Scheren, fehlende Gliedmaßen und Deformationen des Panzers oder der Gliedmaßen. Diese Missbildungen können sich aber bei einer Haltungsoptimierung und nach Behebung der Mangelerscheinungen, durch richtige Ernährung mit den nächsten Häutungen wieder regenerieren (s. hierzu auch Seite 25 ff, Kapitel Ernährung).

Des Öfteren wurde berichtet, dass kurz nach einer Häutung an einer Stelle des Panzers eine mit Wasser gefüllte Blase

Ist der Panzer nach der Häutung an einer Stelle zu weich oder beschädigt, so kann an dieser Stelle die darunter liegende dünne Haut austreten und es wird eine mit Wasser gefüllte Blase sichtbar.
Foto: M. Kamp

aufgetreten sei. Diese Erfahrung habe auch ich schon einmal bei einer meiner Garnelen machen müssen. Ist der Panzer nach der Häutung an einer Stelle durch einen Calciummangel zu weich oder beschädigt, so kann es vorkommen, dass sich an einer Schwachstelle am Panzer die aufgepumpte Haut ungehindert ausdehnt und dort wie eine Art Wasserblase austritt.

Findet man ein Tier mit solchen Symptomen, dann sollte man es nach Möglichkeit isolieren. Meist verschwindet diese Blase mit der nächsten Häutung wieder. Keinesfalls sollten Sie den Versuch wagen, die Blase aufzustechen oder zum Platzen zu bringen!

Auch für gestresste oder kranke Tiere kann im Zusammenhang mit der damit verbundenen Schwächung ihres Immunsystems eine bevorstehende Häutung zu Problemen führen, wenn sie zu geschwächt sind und nicht mehr aus ihren alten Panzer kommen. Das kann ihnen zum Verhängnis werden und auch einmal ein Bein, einen Fühler oder eine Schere kosten.

Sollte es bei einer ihrer Garnelen einmal vorkommen, dass ein Gliedmaß während eines Kampfs, beim Fang mit dem Kescher oder durch eine missglückte Häutung abgetrennt wird, so besteht kein Grund zur Sorge. Verlorene Gliedmaßen werden regeneriert, wenn oft zunächst auch etwas kleiner, wachsen diese bei allen Krebstieren mit jeder Häutung zunächst etwas kleiner wieder nach. Die verlorene Extremität erreicht spätestens nach der vierten bis fünften Häutung seine Endgröße zurück und ist dann wieder voll funktionsfähig. Augen

allerdings werden nicht regeneriert – sie sind für immer verloren.

Körperbau: Die Anatomie, der Körperaufbau, der Garnele, lässt sich in Kopf (Cephalon), Brust (Thorax) und Hinterleib (Pleon oder Abdomen) aufteilen. Insgesamt wird der Körper in 19 Teile (Segmente) gegliedert. Verbunden sind diese Segmente durch eine elastische Membran. Die Segmente des Kopfes sind in der Regel so stark miteinander verschmolzen, dass man sie kaum voneinander abgrenzen kann. Die meisten Krebstiere haben eine harte Körperabdeckung. Diese besteht zum größten Teil aus Calciumcarbonat (= Kalk) und Chitin (= Polysaccharid) und hat einen doppelten Zweck: Einmal soll sie als Panzer die Garnelen vor Nachstellungen durch andere Tiere schützen, zum ande-

ren dient die feste Schicht als Außenskelett der Festigung des Körpers und als Halt für die Muskeln.

Im Hinterleib befindet sich die Muskulatur. Sie stellt den essbaren Teil vieler Speisegarnelen dar. Mit Hilfe des Hinterleibs sind die Garnelen in der Lage, sich blitzschnell rückwärts zu bewegen um sich so fluchtartig vor Gefahren in Sicherheit zu bringen.

Der Hinterleib besteht aus einzelnen Gliedern und trägt den Schwanzfächer sowie die Schwimmfüße. Der Schwanz-

Häutung und Morphologie

Körpergliederung bei der Garnele

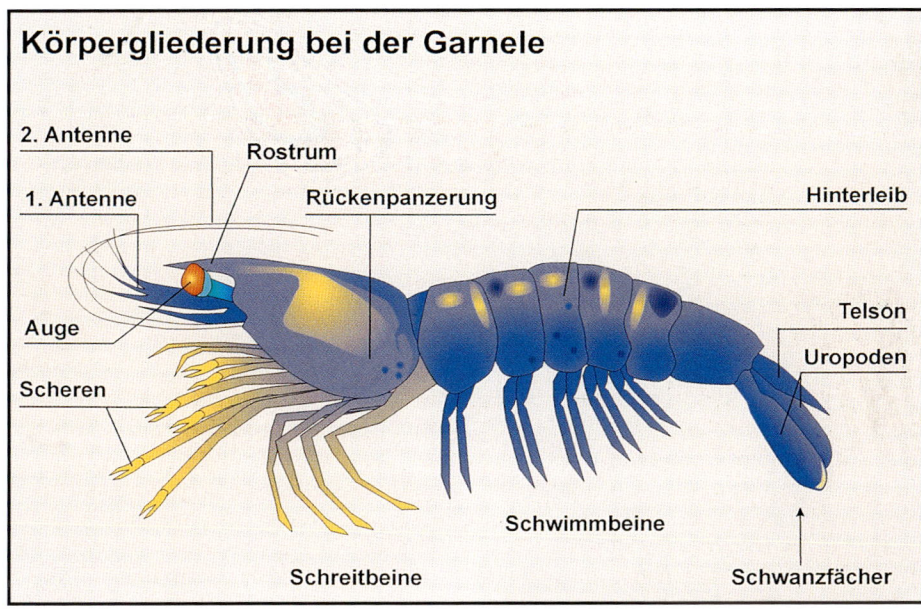

2. Antenne
Rostrum
1. Antenne
Rückenpanzerung
Hinterleib
Auge
Telson
Uropoden
Scheren
Schwimmbeine
Schreitbeine
Schwanzfächer

fächer setzt sich aus dem Telson und den Uropoden zusammen. Als Telson oder Pygidium bezeichnet man das hintere, gliedmaßenlose Segment vieler Krebse und Insekten. Dort befindet sich das Darmende, der After. Zusammen mit den Uropoden bilden sie den Schwanzfächer, der zur Unterstützung beim Schwimmen dient. Weiterhin befinden sich am Hinterleib fünf Schwimmbeinpaare (Thoracalfußpaare, daher der Name Decapoda = Zehnfußkrebse). Die Schwimmbeine dienen bei den Weibchen außerdem als Brutraum, in dem die Eier abgelegt und mit den Beinen mit Frischwasser befächert werden.

Zur Nahrungsaufnahme dienen die Mundwerkzeuge. Als Mundwerkzeuge werden im Allgemeinen alle Strukturen bezeichnet, die zur Nahrungsaufnahme dienen. Dabei handelt es sich vor allem um speziell ausgebildete Extremitäten

sowie Chitinausbildungen des Kopfes. Bei Garnelen sind es drei Scherenpaare (Maxillipeden). Diese befinden sich unterhalb der Antennen am vorderen Teil des Cephalothorax. Durch diese können die Zehnfußkrebse von anderen Krebsen unterschieden werden.

Am unteren Teil des Thorax befinden sich drei Schreitbeinpaare (Peraeopoden), die zur Fortbewegung am Boden dienen.

Deformation der Fühler nach einer Fehlhäutung bei einer Amano-Garnele.

Sinnesorgane: Die Sinnesorgane der Garnelen sind Seh-, Hör-, Tast-, Geruchs- und Geschmackssinnesorgane. Das einzige Hauptmerkmal, das allen Krebstieren gemeinsam ist, sind zwei Paar Fühler oder Antennen, von denen das erste Paar ziemlich klein ist. Diese befinden sich am Vorderteil des Kopfes, unterhalb des Rostrums. Das erste Antennenpaar dient als Geruchs- und Geschmackssinn. Auf den Antennen sind zahlreiche Sinneszellen vorhanden. Weitere Geschmackszellen befinden sich an den Mundwerkzeugen. Das zweite Antennenpaar dient zum Tasten und zur Orientierung. Mit den großen Antennen sind Garnelen in der Lage, im Dunkeln frühzeitig Feinde oder Hindernisse zu erkennen.

Den weitaus kompliziertesten Teil des Garnelenkörpers stellen die Augen dar.

Sehr schön sind hier bei der Nashorngarnele im Kopfbereich die inneren Organe und im hinteren Bereich der Darm zu erkennen.

Diese sitzen hinter den Fühlern und werden als sogenannte Komplexaugen bezeichnet. Je nach Lebensraum und Art haben diese verschiedene Eigenschaften entwickelt. Sie sind entweder unbeweglich oder auf beweglichen Stielen angelegt. Die Augenstiele können unabhängig voneinander bewegt werden, was eine Rundumsicht ermöglicht. Die Augen können aus bis zu 28000 lichtempfindlichen Einzelaugen (Ommatidien) zusammengesetzt sein. Sie sind unter einer Linse oder Kornealinse gruppiert, die aus sechseckigen, prismenförmigen Facetten besteht. Ommatidien lassen aber nicht nur Licht zu den Nervenendungen hindurch, sondern sie erlauben es vielen Arten auch, Farben und Formen zu unterscheiden.

Innere Organe: Die inneren Organe befinden sich hauptsächlich in der vorderen Körperhälfte des Panzers, im Bereich des Nackens, wo unter anderem das Herz und – je nachdem, ob Männchen oder Weibchen – die Hoden oder die Eierstöcke liegen. Ebenfalls im Kopfbereich ist eine Harnblase vorhanden die über die Nierenschläuche harnartige Stoffe ausscheidet.

Die Verdauung: In der Mitte des Körpers entlang verläuft der Darm, über den die vom Magen (nicht bei allen Garnelen vorhanden) verdauten Nahrungsstoffe ausgewertet und dann abgegeben werden. Er ist in Vorder-, Mittel- (oder Magen) und Hinterdarm unterteilt. Im Vorderdarm folgen der Speiseröhre vom Mund her ein Kropf und ein Vormagen. Der Kropf dient als Nahrungsspeicher. In die Speiseröhre münden Speicheldrüsen, deren Absonderungen während

Häutung und Morphologie

Bauplan einer Garnele

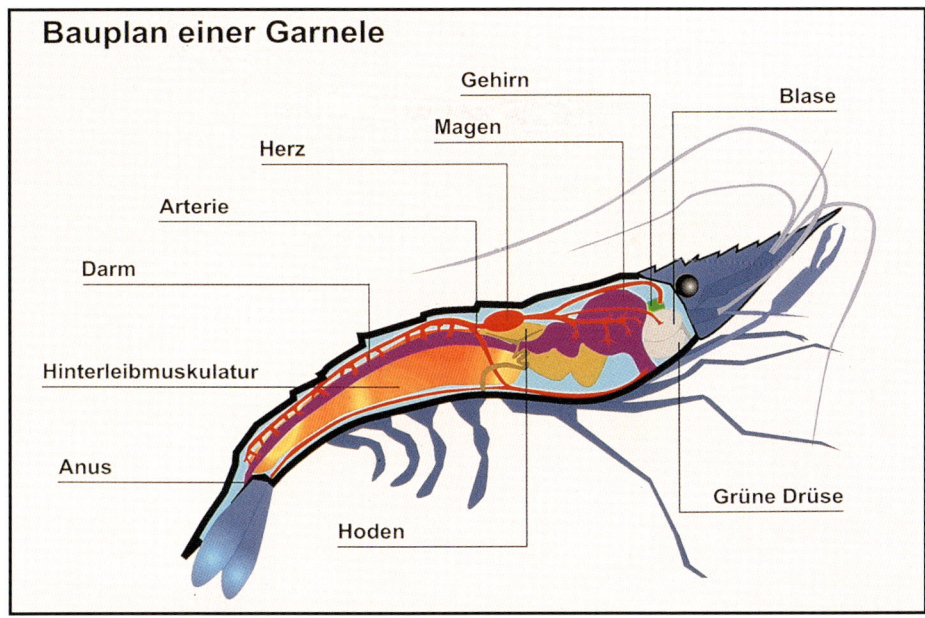

Gehirn

Blase

Magen

Herz

Arterie

Darm

Hinterleibmuskulatur

Anus

Grüne Drüse

Hoden

Cerebralganglion (Gehirn)

Thorakalganglien

Abdominalganglien

Ganglion
(Nervenknoten)

Unterschlund-
ganglion

Nervenstränge (Bauchmark)

Wie bei anderen Krebstieren auch, ist der Bauplan der Garnelen ein kleines Wunderwerk der Natur, dem es an nichts fehlt. Das als „Grüne Drüse" bezeichnete Organ sitzt dem sogenannten „Labyrinth" auf, das über den Nephridienkanal mit der Harnblase in Verbindung steht.
Abbildung: Hans Gonella

Schematische Darstellung des Nervensystems der Garnelen.

des Kauens mit der Nahrung vermischt werden. Die Verdauung findet überwiegend im Mitteldarm statt, die Aufnahme der Nährstoffe geschieht im Mittel- und Hinterdarm. Mit dem vorderen Teil des Hinterdarms ist eine große Zahl kleiner Röhrchen verbunden, die sogenannten Malphighischen Gefäße. Abfallstoffe im Blut gelangen zur Ausscheidung, durch die Wände dieser Gefäße in den Hinterdarm, von wo sie aus dem Körper ausgeschleust werden. Der Hinterdarm endet am Schwanzfächer. Bei vielen durchsichtigen Arten, wie der Amano-Garnele, ist dieser als dunkler Strich im Körper zu erkennen, der entlang des Rückens verläuft.

Der Blutkreislauf: Der Blutkreislauf der Garnelen ist eigentlich relativ einfach aufgebaut. Garnelen verfügen über ein offenes Blutkreislaufsystem. Die gesamte Leibeshöhle ist mit Blut (Hämolymphe) gefüllt, das mittels eines Herzens zur Zirkulation gebracht wird. Es besitzt eine kräftig muskulöse Wand und liegt im hinterem Teil der Leibeshöhle. Dieses Herz ist eine an beiden Enden offene Röhre, die unter dem Außenskelett über die gesamte Länge des Körpers am Rücken der Garnele entlang verläuft. Die Wände des Herzens können sich zusammenziehen und so das Blut nach vorn in die Leibeshöhle pressen.

Die Atmung: Zehnfußkrebse atmen – wie die meisten Crustaceen – durch Kiemen. Insgesamt kommen beim Stamm der Arthropoden drei verschiedene Kiemenformen vor: Tricho-, Dendro- und Phyllobranchien, wobei Letztere bei unseren aquaristischen Vertretern zu finden sind. Diese befinden sich an den Grundgliedern der Schreitbeine und werden durch eine seitliche Falte im Kopfbrustschild (Carapax), das die Kiemen wie ein Dach überdeckt, geschützt. Ein kehlförmiger Teil des zweiten Kieferpaars erzeugt durch ständige Strudelbewegung einen Wasserstrom durch diese Atemhöhle. Innerhalb der Atemhöhle fließt der Wasserstrom von der Vorderseite des Körpers (ventral) zur Rückseite (dorsal) an den Kiemen vorbei. Dort richtet er sich nach vorn, um durch einen schmalen Kanal neben den Mundwerkzeugen wieder auszutreten. Bei vielen Krebsen dient der Carapax selbst als Atmungsorgan.

Nervensystem: Garnelen besitzen kein Gehirn im eigentlichen Sinne. Stattdessen haben sie ein Komplexgehirn, das entlang eines Nervenstrangs liegt, welcher entlang der Körperunterseite, vom Kopf bis in den Hinterleib, verläuft.

Deformation am Panzer – hier zwar bei einem Krebs, aber im Prinzip zu Garnelen identisch: Deutlich sind die hervorstehenden Kiemen zu sehen, die sich normalerweise unter dem Panzer befinden sollten.

Krankheiten

Immer wieder kommt es bei der Garnelenhaltung in unseren heimischen Aquarien zu plötzlichen und scheinbar unerklärlichen Todesfällen. Früher wie heute wird derartiges immer wieder auf falsche Haltungsbedingungen oder Vergiftungen zurückgeführt, was auch in einigen Fällen zutreffen mag. Denn ohne falsche Haltungsbedingungen, mit dem damit verbundenen Stress und der Schwächung des Immunsystems, würden viele Tiere – seien es Fische oder Garnelen –, ob nun in der Aquaristik oder der Aquakultur, nicht so rasch erkranken.

Von Krankheiten bei Garnelen wusste vor einigen Jahren kaum jemand etwas. Im Gegensatz zu Fischkrankheiten ist über Garnelenkrankheiten bis heute noch immer nur sehr wenig bekannt. Begriffe wie Porzellan-,

Brandfleckenkrankheit oder andere machen die Runde, aber niemand weiß so recht, was darunter zu verstehen ist, warum diese Krankheiten überhaupt ausbrechen und wie man diesen vorbeugen könnte. Was steckt wirklich dahinter? Inzwischen gibt es unter www.Garnelenkrankheiten.de eine Gruppe Interessierter, die sich mit diesem Thema beschäftigt und mittlerweile von verschiedenen Firmen sowie Wissenschaftlern unterstützt werden. Bei Fragen oder Problemen können sich Hilfe suchende Wirbellosenhalter auch direkt per E-Mail – der Button findet

> **Tipp** **Ganz wichtig bei allen Garnelen und Krebsen (wie auch bei Fischen): Tote Tiere sind so schnell wie möglich aus dem Aquarium zu entfernen.**

Bei optimalen Haltungsbedingungen fühlen sich Garnelen sichtlich wohl. Die Wahrscheinlichkeit eines Krankheitsausbruchs wird so auf ein Minimum reduziert.

sich unter dem jeweiligen Ansprechpartner – an die entsprechende Person wenden.

Ganz wichtig bei allen Garnelen und Krebsen (wie auch bei Fischen) ist: Tote Tiere sind so schnell wie möglich aus dem Aquarium zu entfernen. Denn der Hauptübertragungsweg von aufgetretenen Krankheiten geschieht über den Verzehr toter Artgenossen. Garnelen können zwar an keinen Fischkrankheiten wie Ichthyo (Weißpünktchenkrankheit) erkranken, beim Zukauf neuer Garnelen aus einem mit Fischen besetztem Aquarium in dem infizierte Fische leben, diese jedoch als Zwischenwirt durchaus ins eigene Aquarium transferieren und somit die darin befindlichen Fische anstecken.

Da aber Garnelen für die meisten fischpathogenen Erreger nicht als Zwischenwirte dienen und Erreger wie *Hexamita* und andere Flagellaten oder Haut- und Kiemenwürmer sehr wirtsspezifisch sind, ist die Gefahr einer Krankheitsübertragung nicht größer als bei einem Wassertropfen oder Pflanzen aus anderen Aquarien, womit ebenfalls Krankheiten übertragen werden können. Garnelen selbst werden meist von verschiedenen Bakterien, einzelligen Parasiten oder Pilzen befallen. Man darf jede noch so kleine Änderung zwischen Garnele und Umwelt nicht unterschätzen!

> **Hinweis:** Jede Veränderung der Wasserqualität hat schnell Einfluss auf das physiologische Befinden der Garnelen.

Garnelen reagieren im Aquarium schneller auf Veränderungen als im natürlichen Lebensraum. In Flüssen, Teichen und Meeren setzen sich Veränderungen – im Gegensatz zum Aquarium – üblicher Weise langsam durch. Ein Garnelenaquarium ist infolge seiner relativ geringen Größe anfällig für plötzliche und massive Veränderungen der Wasserqualität. Sollten also einmal ein, zwei Verluste in einem Garnelenaquarium auftreten, so braucht man nicht gleich in Panik verfallen und sollte erst einmal seine Wasserwerte (Gesamthärte, pH-Wert, Nitrit, Nitrat, Kupfer, Phosphat, Ammonium und Ammoniak) überprüfen und gegebenenfalls einen Wasserwechsel mit Zugabe eines Wasseraufbereiters vornehmen. Tritt danach immer noch keine Besserung ein, dann muss man sich über eventuelle Veränderungen, die im Aquarium vor den ersten Verlusten vorgenommen wurden, wie Wasserwechsel, Einbringen neuer Pflanzen und so weiter, Gedanken machen und dann versuchen, eine Diagnose zu stellen.

Tote Garnelen müssen schnellstmöglich entfernt werden.

Krankheiten

Diagnosestellung

Das größte Problem bei der Erkennung und der Diagnosestellung von Krankheiten bei Garnelen besteht darin, dass man ihnen eine Krankheit kaum anmerkt. Man bemerkt erst, dass etwas nicht in Ordnung ist, wenn die Tiere apathisch sind oder geschwächt auf dem Boden liegen. Wie aber stellt man in solch einem Fall die richtige Diagnose? Die Krankheiten der Garnelen werden in akute und chronische Erkrankungen unterteilt. Akute Erkrankungen liegen vor, wenn alle oder die größte Anzahl der Garnelen innerhalb weniger Stunden beispielsweise nach einem Wasserwechsel, Anwendung eines Pflanzendüngers oder Zukauf neuer Pflanzen, sterben. Diese Symptome treten im Allgemeinen bei mehreren Arten auf und lassen sich eher am Verhalten der Tiere als an äußeren Merkmalen erkennen. Alle diese Faktoren weisen meist auf Vergiftungen, Sauerstoffmangel oder Ähnliches hin.

Chronische Erkrankungen zeigen sich bei Garnelen über einen längeren Zeitraum. Symptome oder Verluste können langsam über mehrere Tage oder Wochen auftreten und sind meist nur auf eine einzige Art oder eine Gruppe beschränkt, während andere Garnelen nicht betroffen sein müssen. Solch ein Krankheitsverlauf lässt auf eine bakterielle Infektion oder auf einen Parasitenbefall schließen. Im Normalfall werden aber nur wenige Tiere zur selben Zeit, sondern nach und nach, von einer solchen Erkrankungen betroffen. Die Ursache eines Krankheitsausbruchs kann auch von ungeeigneten Haltungsbedingungen in Zusammenhang mit der Schwächung des Immunsystems der Garnelen stammen.

Krankheiten vorzubeugen ist bekanntlich besser als diese zu heilen. Doch was kann man tun, damit Krankheiten erst gar nicht auftreten? Um unnötigen Stress und somit Krankheiten vorzubeugen und einen Krankheitsausbruch auf ein Minimum zu reduzieren, sollte der Aquarianer Folgendes beachten:

1. Garnelen, die unterschiedliche Ansprüche an verschiedene Wasserwerte stellen, dürfen nicht zusammen gepflegt werden.
2. Friedliche Garnelen nicht mit Fressfeinden oder ruppigen Fischen, die Garnelen nachstellen, halten.
3. Eine Überbesetzung muss auch bei Garnelen vermieden werden.
4. Regelmäßig Teilwasserwechsel durchführen, in der Regel einmal wöchentlich circa $1/3$ des Aquarieninhalts.

Seemandelbaumblätter helfen im Aquarium bei der Vorbeugung und bei der Bekämpfung von bakteriellen und Pilzerkrankungen. Foto: bede

Chronisches Erkrankungsbild, hervorgerufen durch Bakterien in den inneren Organen

Mikroskopische Aufnahme des Darms einer Garnele mit Gregarinenbefall. Gregarinen leben meist in den Organen von wirbellosen Tieren (Krebsen, Insekten etc.) und schmarotzen im Darm und in andern inneren Organen. Bei massivem Befall zerstören sie das Organ, in dem sie sich angesiedelt haben.

5. Keine kupferhaltigen Medikamente oder Flüssigdünger verwenden (Vergiftungsgefahr). Auch in einigen Nährböden ist Kupfer enthalten!
6. Regelmäßige Überprüfung der Wasserwerte – vor allem pH-Wert, Nitrit und Nitrat.
7. Neu gekaufte Pflanzen vor dem Einsetzen gründlich waschen.
8. Neu erworbene Garnelen nie gleich zu bereits vorhandenen setzen, sondern mindestens vier Wochen in einem Quarantäneaquarium halten.

Zukauf und Quarantäne

Gerade beim Zukauf neuer Tiere und dem dazugehörigen Umsetzen in das bereits existierende Aquarium werden oft Fehler gemacht, die zu großen Verlusten führen können. Garnelen reagieren sehr empfindlich auf Veränderungen der Wasserwerte. Wenn man neue Garnelen hinzusetzt, sollte es auch vermieden werden, das Transportwasser mit ins Aquarium zu schütten, da in sehr kleinen Aquarien beispielsweise 12 l, ein plötzlicher Konzentrationsanstieg, beispielsweise von Algenbekämpfungsmitteln, welche die vorhandenen Garnelen nicht gewohnt sind, möglich wäre. Wie man neu erworbene Garnelen richtig eingewöhnt, finden Sie im Kapitel: Garnelenkauf und Eingewöhnung, Seite 29 ff.

Hinweis: Durch Zukauf von neuen Garnelen können erhebliche Probleme entstehen, falls diese bereits Infektionskrankheiten oder Parasiten tragen.

Ein wichtiger krankheitsauslösender Faktor bei neu erworbener Garnelen ist das Einbringen von fremden Krankheitserregern in eine bereits vorhandene Gesellschaft. Wirbellose haben – wie Fische auch – ein gewisses Maß an Widerstandskraft und Immunität gegen die meisten in ihrer Umgebung auftretenden Erreger entwickelt. Die Konfrontation mit einer neuen, fremden Erregerart, auf welche die körpereigene Abwehr der Garnele noch nicht eingestellt ist, kann dieses immune Gleichgewicht stören und zur Erkrankung, ja sogar zum Tod eines ganzen Garnelenbestands führen. Dies kann bedeuten, dass entweder die neu erworbenen Garnelen oder die bereits vorhandenen Tiere binnen weniger Tage sterben können. Anhand dieses Beispiels wird deutlich, wie vorteilhaft selbst bei Garnelen eine Quarantäne ist, umso mehr, wenn Garnelen aus unterschiedlichen Herkunftsländern kommen oder von unterschiedlichen Züchtern stammen.

Durch den Transport geschwächt, in Zusammenhang mit winzigen Verletzungen und durch den Stress des Umsetzens ist das Immunsystem der Tiere meist nicht mehr in der Lage, einer Infektionserkrankung entgegenzuwirken und die Krankheit kann in ihrer ganzen Härte ausbrechen. Deshalb sollten neu erworbene Tiere vier Wochen in einem Quarantäneaquarium beobachtet werden, bevor man sie in das eigentliche Garnelenaquarium setzt. Zeigen die Tiere nach dieser Zeit keine Veränderungen und verhalten sich normal, so können sie der bereits bestehende Gruppe hinzugesellt werden.

Krankheiten

Krankheitsursachen bei Garnelen

Wie bereits erwähnt, können Krankheiten bei Garnelen – genau wie bei Fischen – vorkommen. Jede Veränderung der Umgebungsverhältnisse hat Auswirkungen auf den Gesundheitszustand der Garnelen. Viele Krankheitserreger sind ein natürlicher und ständiger Bestandteil des Lebensraums und verursachen unter optimalen Bedingungen keine Erkrankungen. Die gesunde Garnele ist in der Lage, durch ihren Vitalzustand, diese Krankheitserreger unter Kontrolle zu halten. Wird dieses Gleichgewicht nun beispielsweise durch Stress, durch Unterdrückungen von Artgenossen, durch schlechte Wasserqualität und Veränderungen der Wasserwerte oder durch Verletzungen des Panzers gestört, so wird das Immunsystem geschwächt und verschiedenen Bakterien und Pilzen eine große Angriffsfläche geboten, welche bei optimaler Haltung und regelmäßigem Wasserwechsel weitgehend reduziert werden könnte. Vor allem zu hohe Nitrit-, Nitrat-, Ammoniak- und Phosphatwerte infolge nicht ausgeführter Wasserwechsel spielen in Verbindung mit Krankheitsausbrüchen eine erhebliche Rolle.

Vergiftungen

Häufige Ursache für Garnelensterben sind Vergiftungen. Liegt eine Vergiftung bei Garnelen vor, so muss schnell gehandelt werden. Vergiftungen können beispielsweise durch kupferhaltige Medikamente, Flüssigdünger, Kupferrückstände aus dem Wasserwechsel durch Wasserleitungen und durch zu hohe Nitrit- oder Nitratwerte auftreten. Auch nach dem Einsatz neuer Wasserpflanzen oder in nicht eingefahrenen Aquarien können sich Vergiftungserscheinungen zeigen.

Allein aus diesen Gründen sind ein regelmäßiger Wasserwechsel und die rountinemäßige Kontrolle der Wasserwerte wichtig. Aber auch durch falsche Haltungsbedingungen wie zu hohe oder zu niedrige Temperaturen, Überbesatz, zu seltene Wasserwechsel, zu starke Fütterung, Verwesung unbemerkt gestorbener Tiere, zu intensive CO_2-Zufuhr oder Fäulnis im Bodengrund können Vergiftungen auftreten. Auch äußere Einflüsse wie Chlor, Wasch- und Putzmittel, Insektenvernichtungsmittel und Kupfer können starke Schädigungen, die bis hin zum Tod führen, auslösen. Garnelen reagieren schon bei geringen Kupfermengen empfindlich, was schon ganzen Garnelenstämmen das Leben gekostet hat.

Das Brennnesselkraut, *Urtica dioica*, wirkt entzündungshemmend und kann zur Unterstützung des Immunsystems eingesetzt werden.

Vergiftung nach einem Wasserwechsel durch Kupferrückstände aus der Wasserleitung.

Das Verblassen der Farben, bei einem bereits länger gepflegten Garnelenstamm kann ein Zeichen für eine Krankheit oder für schlechte Wasserqualität sein.

Woran erkennt man Vergiftungen im Garnelenaquarium? Häufige Anzeichen sind Massensterben in Verbindung mit Änderungen, die man kurz vorher am Aquarium gemacht hat. Sei es Wasserwechsel, Hinzusetzen neu erworbener Aquarienpflanzen oder Tiere und Zugabe von Medikamenten oder Dünger.

Die Garnelen werden träge oder apathisch und sterben innerhalb weniger Stunden. Sollte es aus irgendeinem Grund zu unerklärlichen Verlusten unter Ihren Garnelen kommen, so versuchen Sie zuerst folgende Fragen zu beantworten:

• Ist zu wenig Sauerstoff vorhanden?
• Ist die Wassertemperatur im Aquarium zu hoch?
• Sind die Wasserwerte nicht in Ordnung (pH-Wert, Gesamthärte, Karbonathärte, Nitrit, Nitrat, Kupfer, Ammoniak, Phosphat)?
• Wurde vor Kurzem ein Wasserwechsel durchgeführt?
• Haben Sie neue Pflanzen oder Garnelen dazugekauft?
• Wurde vor Kurzem mit einem Medikament behandelt?

• Verwenden Sie Flüssigdünger oder Anti-Algenmittel?
• Verhalten sich Ihre Garnelen anders als normal? Sind sie beispielsweise träge oder fressen nichts mehr?

Können Sie nur eine Frage mit Ja beantworten, dann ist ein sofortiger 80 %iger Wasserwechsel mit Zugabe eines Wasseraufbereiters zum Frischwasser vorzunehmen. Tritt danach immer noch keine Besserung ein, so ist meist eine Krankheit die Ursache für das Sterben.

Bakterielle Mischinfektionen

Eine der häufigsten Todesursachen bei Garnelen sind bakterielle Infektionen. Bakterien finden sich überall. Dabei unterscheidet man nützliche, harmlose (apathogene) und krankheitserregende (pathogen) Bakterien. Auch bei Garnelen kommen alle Bakterienarten vor, wobei die nützlichen Bakterien überwiegen und die krankheitserregenden zwar in geringer Anzahl vorkommen aber bei gesunden Tieren keinen Schaden anrichten. Wird das Immunsystem einer Garnele geschwächt, so vermehren sich die krankheitserregenden Bakterien ungehindert. Dies geschieht vor allem durch Stress. Beispielsweise beim Transport oder bei Verletzungen treten in Verbindung mit zu wenig Wasserwechsel bei Garnelen immer wieder verschiedene bakterielle Mischinfektionen auf. Unter bakterieller Mischinfektion versteht man eine Vielzahl von Ansammlungen unterschiedlicher Bakterienstämme. Die zusammen, je nach Bakterium, unterschiedliche Krankheiten und Krankheitssymptome hervorrufen können.

Krankheiten

Durch Spirillen, das sind korkenzieherartig gedrehte Bakterien, angegriffener Panzer einer Schwanzfleck-Schwebegarnele.

Äußere bakterielle Infektion

Äußere Infektionen kommen bei Garnelen hauptsächlich am Schwanzfächer sowie an den Antennen und Schreitbeinen vor. Hierbei zeigen sich rosaorange bis braune Flecken mit teilweise oder gänzlich zerfransten Antennen oder Schwanzfächern. Man kann dies auch zum besseren Verständnis mit den Symptomen der Flossenfäule bei Fischen vergleichen. Bei frühzeitiger Erkennung und verbesserten Haltungsbedingungen bekommt man die Krankheit aber gut in den Griff. Bei massiv auftretendem Befall kann ein antibakteriell wirkendes Medikament wie Furanol von JBL oder Chloramphenicol (0,8 g/50 l) zur Unterstützung mit ins Aquarienwasser gegeben werden. Tiere, bei denen die Infektion schon zu weit fortgeschritten ist, haben kaum eine Überlebenschance.

Unten: Amano-Garnelen mit bakterieller Infektion an den Antennenpaaren und am Schwanzfacher. Ist die Infektion bereits zu weit fortgeschritten, so besteht keine Chance auf Heilung mehr.

Innere bakterielle Infektion

Symptome innerer Infektionen sind sehr unterschiedlich. Zum Beispiel kann eine milchige Verfärbung des Hinterleibs und des Rückens auftreten, die sich innerhalb von ein paar Stunden von oben nach unten über den ganzen Körper ausbreitet. Auch plötzlich vereinzelt auftretende Verluste mit oder ohne vorherigem Farbverlust einzelner Garnelen oder eine weiße Verfärbung nur des Hinterteils, können Anzeichen einer inneren Infektion sein. Meist sterben hierbei nie mehr als ein bis zwei Tiere täglich, sondern über Tage und Wochen verteilt, immer nach und nach einzelne.

Bei einer inneren Infektion kann immer eine große Anzahl von unterschiedlichen Bakterien sowohl in den Organen als auch im Muskelfleisch nachgewiesen werden. Mit großzügigen Wasserwechseln in kurzen Abständen, Zugabe eines antibakteriellen Medikaments, siehe Seite 53, und sofortigem Entfernen bereits verstorbener Tiere, um Kannibalismus und eine Übertragung der Krankheit zu verhindern, lässt sich eine Ausbreitung der Bakterien unterbinden.

Infektion der Organe

Bei verschiedenen „durchsichtigen" Garnelenarten, bei denen die Organe von außen zu erkennen sind, kann vereinzelt beobachtet werden, dass die sichtbaren Organe, die bei gesunden Garnelen dunkel erscheinen, rosa sind und aussehen als wären sie entzündet. Verschiedene Untersuchungen erkrankter Garnelen zeigten, dass deren Organe mit Mikrokokken (Bakterien) befallen waren. Infizierte Tiere mit erkennbaren Symptomen sterben zwei bis vier Tage später. Eine Behandlung ist bisher nicht möglich, da bei Tieren mit erkennbaren Symptomen die Infektion meist zu weit fortgeschritten und die Organe bereits irreparabel geschädigt sind. Auch hier sollte man die toten Tiere schnellstmöglichst entfernen, um Kannibalismus und so eine Übertragung auf gesunde Tiere zu verhindern.

Porzellankrankheit, Microsporidien

Die Porzellankrankheit tritt hauptsächlich bei neu importierten Garnelen auf. Die Krankheit wird mit importierten Garnelen eingeschleppt und bricht dann, bedingt durch den Transportstress und der damit verbundenen Schwächung des Vitalzustands, aus.

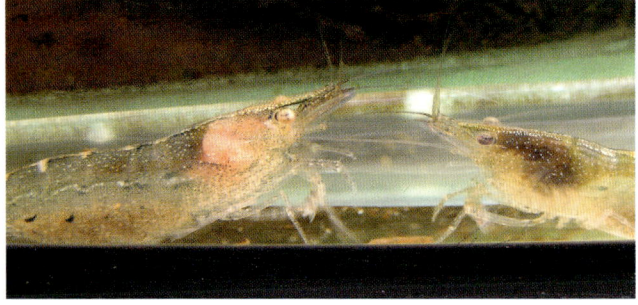

Krankheiten

Bei diesem Erreger handelt es sich um einen einzelligen Parasiten namens *Thelohania contejani*, der in den Muskeln der Garnelen lebt. Dieser einzellige Parasit greift die Muskeln des Wirts an, welcher dadurch immer mehr in der Bewegung eingeschränkt wird. Die Garnele wird langsamer bis hin zur vollkommenen Erstarrung, was dann zum Tod führt. Die Gliedmaßen werden steif und unbeweglich. Später können sie nur noch ihre Schwimmbeinpaare bewegen.

Nach ein paar Stunden liegen sie auf der Seite. Die Tiere versuchen noch zu schwimmen, kommen aber nicht mehr voran und wirbeln orientierungslos in Kreisbewegungen durchs Wasser. Zu diesem Zeitpunkt können sie nur noch ihre Maxillipeden (Mundwerkzeuge) bewegen und sterben.

Tiere mit solchen Symptomen müssen sofort aus dem Aquarium entfernt werden, da der Erreger durch Kannibalismus, also den Verzehr eigener Artgenossen, übertragen wird.

> **Vorsicht!** Da bei einem bakteriellen Befall ähnliche Symptome auftreten können, kann es fälschlicherweise zur Verwechslung mit der Porzellankrankheit kommen.

Es konnte bisher jedoch nicht nachgewiesen werden, dass diese Krankheit in einem bereits etablierten Garnelenstamm aufgetreten wäre. Eine effektive Behandlungsmethode ist bisher kaum möglich. In früheren Versuchen wurden zur Krankheitsbehandlung Medizinalflocken von Tetra verwendet, die damals unter anderem bei Behandlung von Ichthyo bei Zierfischen angewandt

wurden, in denen Malachitgrünoxalat enthalten war. Dies war damals und wäre auch heute noch die effektivste Methode, um diese Krankheit einigermaßen in den Griff zu bekommen. Leider werden diese Flocken jedoch nicht mehr hergestellt, was die Krankheitsbehandlung wiederum erschwert. Man kann Malachitgrün in Flüssigform verwenden: Darin Futterflocken einweichen, trocknen lassen und diese dann später verfüttern.

Milchkrankheit, Myxosporidien

Diese Krankheit wird durch Myxosporidien hervorgerufen, welche die Garnele regelrecht von innen auffressen. Myxosporidien sind einzellige Parasiten und kommen auch oft bei Fischen vor. Myxosporidien sind sehr hartnäckig, eine effektive Behandlung ist derzeit noch nicht bekannt.

Behandlungsversuche wurden zwar mit verschiedenen Antibiotika aus der Humanmedizin versucht, was den Krankheitsverlauf bei infizierten Garnelen zwar verlangsamte, aber nicht aufhielt.

Symptome können sich durch das Phänomen eines komplett milchigen

Porzellankrankheit – Glieder und Körper erscheinen im fortgeschrittenem Stadium glasig.

Mit Myxospo-
ridien infizierte
Garnelen zeigen
oft ein milchiges
Aussehen des
gesamten
Körpers.

Körpers vom Kopf (Cephalon) bis hin zum Schwanzfächer (Telson) zeigen. Diese Symptome treten überwiegend bei verschiedenen durchsichtigen Arten wie Glas- und Nashorngarnelenarten auf. Tiere mit diesen Symptomen sterben meist innerhalb kurzer Zeit. Tiere, die über Nacht gestorbene kranke Garnelen verzehren, bekommen kurz darauf die gleichen Symptome. Daher ist es ratsam, auch hier zu versuchen, verstorbene Tiere schnellstmöglich aus dem Aquarium zu entfernen, um einen Ausbruch und eine weitere Verbreitung in den Griff zu bekommen.

Pilzinfektionen

Pilzinfektionen sind in der Aquaristik weit verbreitet. Schon häufig wurde auch über Pilzbefall bei Garnelen und Krebsen, die im Aquarium gepflegt werden, berichtet. Von plötzlichen auftretenden büschelförmigen Wucherungen im Kopfbereich bis hin zu Wucherungen an den Schwimmbeinpaaren oder braunen Färbungen am Außenpanzer. Eine relativ kleine Gruppe von Pilzen hat sich auf Warmblüter spezialisiert und verursacht bei Mensch, Tier und Pflanze unterschiedliche Krankheiten. Hierzu gehören bei Krebstieren die Pilzerreger von Fadenpilzen, *Ramularia astaci* und *Cephalosporium leptodactyli*, der Brandfleckenkrankheit, und der Erreger *Aphanomyces astaci* der Krebspest sowie einige relativ harmlose Pilze wie *Saprolegnia parasitica* und *Achlya* spp. aus der Familie Saprolegniaceae (die eigentlich eher Algen als Pilze sind), die endogene (innere) oder exogene (äußere) Wucherungen bilden und deutlich zu erkennen sind. Die beiden letzteren Formen

Krankheiten

können auch bei vielen gesunden Garnelen im Darm nachgewiesen werden.

Achlya und *Saprolegnia*

Eine Infektion durch Mykosen (Pilze oder Algen) ist äußerlich mit bloßen Auge zu erkennen. Symptome eines äußeren Befalls sind sehr unterschiedlich und als wattebauschähnlicher weißer Belag oder hellgrüne, fadenartige Wucherungen auf Panzer und Abdomen zu erkennen. Hierbei können auch hellgrüne bis gelbe Wucherungen am Unterleib und den Schwimmbeinpaaren oder im Kopfbereich und den Augen als wattebauschähnliche Büschel auftreten.

> **Tipp** Seemandelbaumblätter haben eine Pilze hemmende Wirkung und können zur Vorbeugung eingesetzt werden.

Wird ein Pilzbefall nicht behandelt, so können im weiteren Verlauf, durch Hyphen und Sporen, nach und nach die inneren Organe durchwuchert werden, wobei totes oder schon angegriffenes Gewebe zuerst befallen wird. Aus den Sporen entstehen Pilzhyphen, die ins Gewebe einwandern und mittels Enzymen die Zellen im Garnelenorganismus auflösen. Durch eine Behandlung mit Cilex von Brustmann oder Fungol von JBL, mit angegebener Dosierung des Herstellers, bekommt man eine Pilzerkrankung gut in den Griff.

Rost- und Brandfleckenkrankheit

Im Grunde genommen handelt es sich hierbei um zwei verschiedene Krankheiten, die ebenfalls durch einen Pilz verursacht werden. Dieser tritt überwiegend bei Krebsen auf und löst mehr oder weniger innerhalb kürzester Zeit

Pilzbefall durch *Saprolegnia* bei *C. fernandio* im Bereich der Schwimmbeinpaare. Auch möglicherweise am Bauch getragene Gelege oder Larven wären gefährdet.

großes Krebssterben aus. Eine Übertragung beider Krankheiten von Krebs auf Garnele wird bisher ausgeschlossen. Aber auch in der Botanik sind diese Krankheiten nicht unbekannt.

Bei der Brandfleckenkrankheit handelt es sich um einen Fadenpilz, erkenntlich an der runden, rot-braunen Färbung am Außenpanzer sowie einem kraterähnlichen Durchbruch in der Mitte der Infektionsstelle. Ein Befall ist oft auf eine Verletzung zurückzuführen. Pilzsporen und Bakterien setzen sich dort fest und rufen eine Entzündung hervor.

Die Rostfleckenkrankheit wird ebenfalls von einem Pilz verursacht, welcher den Außenpanzer mit verschieden großen und kleinen, braun-orangenen Flecken übersät und zerfrisst. Eine orangene oder bräunliche Verfärbung tritt aber auch häufig nach Verletzungen durch einen Kampf, bei mechanischen Beschädigungen des Panzers und ebenso an den Bruchstellen, wenn Gliedmaßen abgetrennt werden, auf.

Meist verschwinden diese Flecken nach der nächsten Häutung wieder. Treten diese Erscheinungen jedoch ohne äußere Einwirkung, langsam, zuerst punktförmig und dann sich bis zu geschwulstartig Erhebungen oder kraterähnlichen Vertiefungen erweiternd, auf, so liegt eine akute Infektion vor.

Rot-braune Flecken bei Garnelen im Nackenbereich, die gerade oft bei Anfängern die Vermutung aufkommen lassen, dass es sich um die Brand- oder Rostfleckenkrankheit handeln könnte, zeigten bei Untersuchungen oft einen Befall mit verschiedenen Bakterien oder Verletzungen am Panzer, die durch Bakterien verursacht wurden und welche ihn mehr oder weniger zersetzen.

Auch bei Garnelen, die eines natürlichen Todes sterben, treten rote Flecken im Nacken auf, die nicht auf die Brand- oder Rostfleckenkrankheit zurückzuführen sind. Diese roten Flecken sind nichts anderes als die inneren Organe, welche ebenfalls im Nacken sitzen.

Dadurch, dass sich diese Organe der Garnelen nach dem Tod zuerst zersetzen, tritt hier als Erstes eine rotebraune Färbung auf. Erst mit zunehmender Verwesung verfärbt sich der komplette Garnelenkörper nach und nach rosa-orange. Wenn Sie also einmal eine tote Garnele in ihrem Aquarium entdecken, bei der ein rot-brauner Fleck auftritt, müssen Sie nicht gleich das Schlimmste befürchten. Es handelt sich, wenn Sie keine Krebse pflegen, mit Sicherheit nicht um die Rostfleckenkrankheit.

Auch wenn es zunächst den Anschein hat, handelt es sich hier nicht um die Rost-Brandfleckenkrankheit, sondern um die Zersetzung der inneren Organe bei einer kürzlich gestorbenen Garnele.

Krankheiten

Falsche Pilzinfektion, Glockentierchen

Glockentierchen gehören zu den Ciliaten oder Wimperntierchen. Glockentierchen wie *Epistylis* spp. sind Krankheitserreger, die als haltungsbedingte Störungen gelten, das heißt als Erkrankungen, die immer dann auftreten, wenn die Tiere durch mangelhafte Lebensbedingungen geschwächt sind. Sehr häufig sind diese Erkrankungen in organisch belasteten Gewässern zu finden.

Da die Symptome eines Pilzbefalles sehr ähneln, wird oft mit Medikamenten gegen Pilzbefall behandelt, die hier natürlich nicht anschlagen.

Glockentierchen treten in kleinen Kolonien als ein flaumiger, grau-weißer gallertartiger Belag oder als einzelne Stäbchen auf dem Panzer oder im Kopfbereich der Schalentiere auf. Im Normalfall sind die Glockentierchen für Garnelen harmlos. Sie haften meist mit einem spiralig beweglichem Stiel am Untergrund. Unter bestimmten Bedingungen können Glockentierchen sich auch vom Stiel ablösen und auf Wanderschaft gehen und so andere Garnelen besiedeln.

Der beste Weg, *Epistylis*-Infektionen zu behandeln, ist die Wasserqualität zu verbessern und einen 90 %igen Wasserwechsel vorzunehmen, um so die Bakterien- und Nährstoffdichte zu verringern. Zusätzlich sollte man ein Medikament zugeben, in dem Malachitgrünoxalat enthalten ist. Beispielsweise ein handelsübliches Medikament gegen Ichthyio wie Punktol oder

Glockentierchen-infektionen bei Garnelen erinnern an Verpilzungen. Sie treten in kleinen Kolonien – kleines Bild – oder als einzelne Stäbchen – großes Bild – auf.

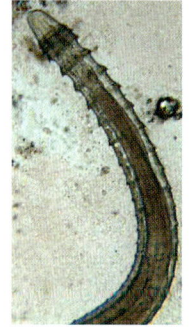

Exit. Die Dosierung erfolgt wie in der Packungsbeilage beschrieben. Alternativ kann man auch 0,37 g Methylenblau und 0,37 g Malachitgrün in 100 ml 37 %igen Formalin lösen. Dosierung: 1,2 ml der Lösung auf 100 l Wasser über mehrere Tage, täglich nachdosieren.

Würmer

In der Natur kommen Würmer gelegentlich auf Garnelen und Krebsen vor, die gesunde Garnelen aber scheinbar nicht weiter stören. Da es unzählige Wurmarten gibt und die meisten bisher noch nicht bestimmt wurden, ist es schwer, die einzelnen Würmer nach Gattung und Art einordnen zu wollen.

Auch bei Garnelen und Krebsen im Aquarium können immer wieder verschiedene Würmer festgestellt werden, die sowohl auf als auch unter dem Panzer zu finden sind. Oft kann man diese mit bloßem Auge als kleine, weiße, bewegliche Punkte am oder unter dem Carapax erkennen. Würmer sind normalerweise wirtsspezifisch. Hierbei konnten bereits Saug- und auch Hakenwürmer entdeckt werden.

Ob und inwieweit Saugwürmer für Garnelen gefährlich sein können, kann zum jetzigen Zeitpunkt noch nicht definitiv beantwortet werden. Es wird vermutet, dass Garnelen für diese nur als Zwischenwirte dienen, da die meisten Garnelen problemlos mit den Würmern leben können.

Anders könnte es da bei Hakenwürmern aussehen. Diese befinden sich meist unter dem Panzer oder in den Organen. Es ist davon auszugehen, dass bei einem vermehrten Auftreten von Hakenwürmer diese durchaus mit ihren Hakenkränzen die Organe massiv schädigen können.

Würmer, die sich auf dem Panzer festsaugen, können gut mit Flubenol oder Gyrodactol von JBL bekämpft werden. Die Problematik liegt jedoch bei den Würmern unter dem Panzer, die das Medikament dort nicht in einer wirksamen Konzentration erreicht. Daher sollte eine mehrmalige Behandlung erfolgen. Aquarienwasser während der Behandlung gut durchlüften.

Medikamentenanwendung

Gerade die Medikamentenanwendung bei Garnelen gestaltet sich oftmals

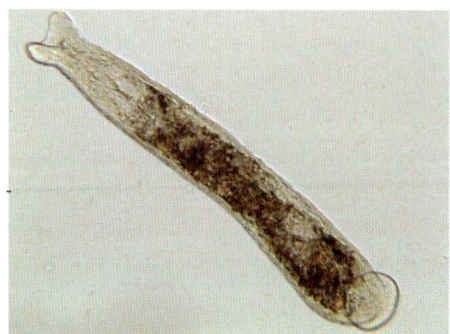

Krankheiten

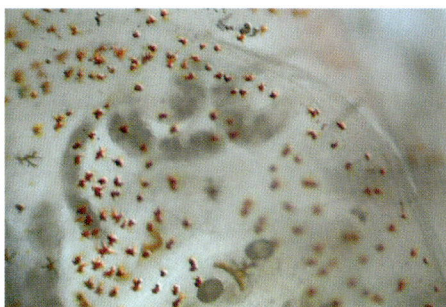

Das Foto zeigt sowohl Würmer im oberen Bildbereich als auch Eier von diesen (im unteren Bildbereich), die sich unter dem Carapax der Garnele eingenistet haben.

Tipp Viele handelsübliche Medikamente enthalten Kupfer, was auf Garnelen sehr toxisch wirkt und ihnen damit nur noch mehr schadet.

als schwierig. Hinzu kommt, dass für kranke Garnelen und andere wirbellose Krebstiere bisher noch keine speziellen Medikamente im Zoohandel verfügbar sind und so schnell auch nicht verfügbar sein werden und man meist auf Medikamente für Zierfische zurückgreifen muss. Eine Liste mit Medikamenten, welche bei Garnelen relativ gefahrlos angewandt werden können und welche nicht, finden Sie am Ende dieses Kapitels.

Ein weiteres Problem bei der Anwendung von Medikamenten im Wasser besteht darin, dass zu wenig des Wirkstoffs, wenn überhaupt etwas, durch

Verletzungen am Panzer, wie bei dieser *M. lanchesteri*, bieten Pilzen und Bakterien eine geeignete Eintrittstelle. Solche Tiere sollten zur Vorsicht in Quarantäne gesetzt werden. Eine vorsorgliche Behandlung mit Seemandelbaumblättern oder BioLeaf ist sinnvoll.

Pilzbefall im
Kopfbereich

Nektarinen-
garnele, *Neocari-
dina palmata*, mit
Achlya-Befall

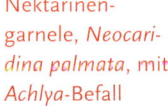

den Panzer in die Muskulatur und den Körper der Garnele gelangt. Viele im Wasser gelöste Medikamente wirken bei Garnelen nur an der Oberfläche des Panzers und dringen nicht durch diesen, um den eigentlichen Krankheitsherd zu erreichen.

Das beste Medikament hilft nicht, wenn es die Krankheitserreger nicht erreicht! Damit ein Medikament bei-

spielsweise Bakterien wie Kokken, die unter dem Panzer und in den Muskulaturen sitzen, erreicht, müssen die Garnelen den Wirkstoff resorbieren, damit dieser in die Muskulatur und in den Körper eindringt und somit der Erreger, der dort sitzt, direkt bekämpft werden kann. Damit dies möglich ist, sollte etwas Futter in Granulat oder Flockenform in einem zuvor in Wasser gelöstem Medikament eingeweicht werden. Das Futter saugt dieses in sich auf und wird somit beim Verfüttern von den Garnelen aufgenommen. Zur Unterstützung sollte das angewandte Medikament zusätzlich im Aquarienwasser aufgelöst werden, damit es dort zumindest die Erreger im Aquarium bekämpfen kann.

Fazit

Sie sehen also, auch unsere Garnelen bleiben von Krankheiten und Parasiten nicht verschont. Das Thema Garnelenkrankheiten in diesem Buch soll aber keine Panikmache sein, sondern Hilfe und Aufklärung betreiben. Fakt ist, dass falsche Haltungsbedingungen einen großen Einfluss auf den Gesundheitszustand der Tiere haben. Allein die Tatsache, dass viele Erreger bereits mit klassifiziertem wissenschaftlichem Namen als artspezifische Krebs- und Garnelenkrankheiten in der gewerblichen Aquakultur und Wirtschaft bekannt und wissenschaftlich beschrieben sind, sollte zeigen, dass Krankheiten auch bei Garnelen in der aquaristischen Haltung vorkommen können und nicht einfach ignoriert werden dürfen!

Krankheiten

Hersteller	geeignet	ungeeignet
Aquarium Münster Furamor	X	
Aquarium Münster Furamor-P		X
Aquarium Münster Odimor		X
Brustmann Cilex	X	
Brustmann Ektozon	X	
Dr.Lang (ASTRA),Pünktchenkrankheit	X	
eSHa Exit	X	
eSHa 2000		X
eSHa Protalon		X
JBL Fungol	X	
JBL Punktol	X	
JBL OODINOL		X
JBL Spirohexol	X	
JBL Punktol	X	
JBL Gyrodactol	X	
JBL Furanol	X	
SERA ectopur	X	
SERA mycopur		X
SERA oodinopur		X
TETRA Medica ContraIck Plus	X	
TETRA General Tonic	X	
TETRA Fungi Stop	X	
TETRA Medizinalflocken	X	
Vitakraft Antimaladin flüssig N		X
Vitakraft Salufit N		X
Zoomedica Frickhinger EXRAPID		X
Zoomedica Frickhinger Hexa- Ex	X	
Zoomedica Frickhinger Gyrotox	X	
Metronidazol	X	
Flubenol	X	
Chloramphenicol	X	
Chlortetracyclin		X
Malachitgrünoxalat	X	
Ciliol und Moneol	X	

Die Medikamente in obiger Liste wurden von mir, so wie auch von anderen Garnelenhaltern und Züchtern erprobt. Das Risiko einer Anwendung bleibt jedoch jedem selbst
überlassen. Bei Folgeschäden keine Haftung. Die Wirkung von Medikamenten auf
Garnelen, die nicht in der Liste aufgelistet sind, ist unbekannt.

Symptome	Ursache/Diagnose	Behandlung
1 Kleine braune, manchmal auch entzündete Stellen am Panzer. Rosa bis orange Flecken im Zusammenhang mit teilweise oder gänzlich zerfressenen Antennen oder Schwanzfächern.	Äußere Infektionen, hervorgerufen durch versch. Bakterien oder Pilze, mangelnde Aquarienhygiene, zu wenig Wasserwechsel, Stress, Überbesatz oder schlecht verheilte Verletzungen.	Furanol: Tablette auf 20 l Aquarienwasser oder Chloramphenicol: 1,5 g auf 100 l Aquarienwasser geben, zusätzlich eine Messerspitze unters Futter mischen und verfüttern, Bodengrund regelmäßig entmulmen, auf Wasserqualität achten.
2 Farbverlust, orangene oder weiße Färbung des gesamten Rückens und Abdomens (nicht im Kopfbereich) in Verbindung mit täglich vereinzelten Todesfällen.	Innere Infektionen hervorgerufen durch versch. Bakterien, mangelnde Aquarienhygiene, zu wenig Wasserwechsel, Stress und Überbesatz.	Furanol: Tablette auf 20 l Aquarienwasser oder Chloramphenicol: 1,5 g auf 100 l Aquarienwasser geben, zusätzlich eine Messerspitze unters Futter mischen und verfüttern, Bodengrund regelmäßig entmulmen, auf Wasserqualität achten.
3 Rötlich-braune Flecken im Nackenbereich bei verstorbenen Tieren	Natürlicher Tod. Da sich die inneren Organe bei Garnelen nach dem Tod zuerst zersetzen, tritt hier im Nacken eine rot-braune Färbung auf.	Solange es nur ein verstorbenes Tier ist, besteht kein Grund zur Sorge. Sollten sich die Todesfälle häufen, Wasserwerte überprüfen oder ggf. auf mögliche Krankheiten achten.
4 Wattebauschähnlicher, weißer Belag oder hellgrüne fadenartige Wucherungen im Kopfbereich, an den Fühlern oder an den Schwimmbeinen.	Pilzkrankheit, Pilzbefall (*Achlya*, *Saprolegnia*), schlechte Wasserqualität, zu wenig Wasserwechsel.	Behandlung mit Cilex von Brustman, Fungol von JBL oder einem anderen Medikament gegen Pilzbefall. Dosierung wie in Packungsbeilage beschrieben. Gute Haltungsbedingungen und Wasserqualität schaffen.
5 Flaumiger, grau-weißer gallertartiger Belag oder einzelne durchsichtige, freistehende Stäbchen auf dem Panzer oder auch im Kopfbereich.	Falsche Pilzkrankheit, hervorgerufen durch Glockentierchen (Epistylis). Sehr häufig sind diese Erkrankungen auf organisch belastetes Wasser zurückzuführen.	90 %igen Wasserwechsel durchführen. Behandlung mit Malachitgrünoxalathaltigen Medikamenten wie Punktol von JBL oder Exit. Dosierung wie in der Packungsbeilage beschrieben. Alternativ kann man 0,37 g Methylenblau und 0,37 g Malachitgrün in 100 ml 37 %igem Formalin lösen. Dosierung: 1,2 ml der Lösung auf 100 l Wasser, über mehrere Tage täglich nachdosieren.

Krankheiten

Symptome	Ursache/Diagnose	Behandlung	
6 Milchigweißes Aussehen, das sich vom Kopf bis hin zum Abdomen über den ganzen Körper zieht, in Verbindung mit blassen Farben und Todesfällen.	Milchkrankheit (Myxosporidien)	Myxosporidien sind sehr hartnäckig, medikamentöse Behandlung derzeit kaum möglich. Sichtbar befallene und verstorbene Tiere entfernen. Für gute Wasserqualität sorgen. Zugabe eines antibakteriellen Medikaments.	
7 Farbverlust, milchig-glasige Stellen, Gliedmaßen werden steif. Tiere können sich nicht mehr bewegen und sterben.	Porzellankrankheit (Microsporidien)	Medikamentöse Behandlung derzeit kaum möglich. Als einzige Möglichkeit, den Erreger direkt abzutöten, bleibt die Darreichung von Malachitgrünoxalat über den Stoffwechsel. Hierzu Malachitgrün als Flüssigform verwenden, darin Futterflocken einweichen, trocknen lassen und diese dann verfüttern.	
8 Erkennbare kleine, weiße, bewegliche Punkte oder Striche am oder unter dem Carapax.	Würmer, Wurmbefall, Saugwürmer, Nematoden	Flubenol: 0,2 g auf 100 l Aquarienwasser Gyrodactol: 1 Tablette auf 20 l Aquarienwasser, Aquarienwasser gut durchlüften.	
9 Massensterben nach Wasserwechsel, Einsetzen neuer Tiere, nach Anwendung von Medikamenten, Flüssigdünger oder Einsetzen neu erworbener Pflanzen.	Vergiftung, zu schnelles Umsetzen neu gekaufter Tiere, zu hohe Temperaturen oder zu wenig Sauerstoff vorhanden.	Wasserwerte überprüfe vor allem auf Kupfer, Eisen, Nitrit, Nitrat, für genügend Sauerstoff sorgen. Neu erworbene Tiere langsam umsetzen. Keine Flüssigdünger, die Kupfer enthalten, verwenden.	
10 Risse am Panzer, Deformationen am Panzer oder an Gliedmaßen, halbe oder krumme Fühler.	Häutungsprobleme, schlechte Wasserqualität, falsche Ernährung durch zu proteinhaltiges Futter.	Wasserwerte überprüfen, Nitrat, Nitrit, Ammoniak, Phosphat, ggf. Ernährung umstellen und Panzeraufbau mit calciumhaltigem Futter unterstützen.	

In der Tabelle wurden die wichtigsten Garnelenkrankheiten, ihre Ursachen und Behandlungsmöglichkeiten zusammengefasst. Hier sei nochmals erwähnt, dass die meisten Erkrankungen auf schlechte Haltungsbedingungen und mangelnde Hygiene, zu wenige bis gar keine Wasserwechsel und Überbesatz in Verbindung mit Stress zurückzuführen sind. Das Angebot an Medikamenten kann sich ständig ändern und ein in der Tabelle aufgeführtes Medikament durch ein anderes ersetzt werden. Eine ständig aktualisierte Diagnosetabelle mit Behandlungsmöglichkeiten finden Sie im Internet unter: www.Garnelenkrankheiten.de

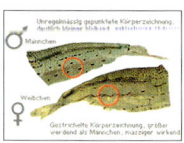

Geschlechts-
unterschiede bei
der Amano- oder
Japan-Garnele,
Caridina
multidentata

Foto u.:
Dr. J. Schmidt

Amano- oder Japan-Garnele
Caridina multidentata

Eine der bekanntesten Garnelenarten ist die Amano-Garnele. *Caridina multiden-tata* wurde durch Takashi Amano und seine Naturaquarien unter den damaligen Namen *C. japonica* berühmt. Amano setzte diese Garnelen zur Algenvernichtung in seine Aquarien ein. Die Garnele lebt in der Region Yamuto und dort vor allem in Flüssen, die in den Pazifischen Ozean münden. Vor Kurzem wurde sie in Gewässern des östlichen Teils Japans entdeckt. Bevorzugt leben sie hier im Ober- und Mittellauf der Flüsse.

Die Amano-Garnele hat sich inzwischen als bester Algenfresser unter den Garnelen etabliert. Sie kann in Aquarien ab 25 l gehalten werden und ist für fast jedes Aquarium geeignet. Sie ist eine leicht zu pflegende Garnele. Gegenüber der Wasserbeschaffenheit ist sie tolerant und kann sowohl im weichen als auch im harten Wasser gehalten werden. Auch Temperaturen von bis zu 28 °C und höhere pH-Werte bis 8 verträgt sie gut. Ihre Farbe ist milchig, glasig mit 0,3

mm großen braunen bis rotbraunen Punkten auf dem Körper und einem schmalen Rückenstrich.

Im Allgemeinen haben Amano-Garnelen eine Lebenserwartung von bis zu drei Jahren. Einige meiner Garnelen sind inzwischen sogar vier, fast fünf Jahre alt und erfreuen sich noch bester Gesundheit. Weibchen können bis 5 cm, Männchen bis zu 4 cm groß werden. Weibchen haben größere Bauchtaschen. Männchen und Weibchen lassen sich sehr gut unterscheiden: Weibchen besitzen als unterstes Muster auf dem Panzer eine Strichreihe, Männchen haben an dieser Stelle Punkte.

Die Amano-Garnele gehört dem primitiven Fortpflanzungstyp an und die Weibchen entlassen nach vier bis sechs Wochen Tragezeit Larven ins Süßwasser die kopfüber im Wasser schwimmen. Die Zucht ist bereits mehrfach erfolgreich gelungen. Zur erfolgreichen Aufzucht benötigen die Larven jedoch Meerwasser.

Algengarnele
Caridina cantonensis

Das Verbreitungsgebiet dieser kleinen Garnele befindet sich in Westchina und Taiwan. Dort lebt sie in kleinen Bächen und Flussläufen. Häufig kommt es durch das ähnliche Aussehen zur Verwechslung mit der Amano-Garnele.

Ihre Haltung ist sehr einfach. Schon Aquarien ab 12 l Volumen reichen für die erfolgreiche Haltung und Zucht aus. An die Wasserwerte stellt sie keine besonderen Ansprüche. Die Haltung bei pH-Werten von 6,0 bis 7,5 und einer Gesamthärte bis 8 °dGH hat sich bisher

Empfehlenswerte Garnelen

als problemlos herausgestellt. Sie ist eine sehr ruhige und friedliche Art, die ständig auf Nahrungssuche ist. Weibchen erreichen eine Größe von 3,0 cm, Männchen bleiben mit 2,5 cm kleiner und sind deutlich schlanker. Die Weibchen tragen circa 30 Eier. Nach etwa vier Wochen entlässt das Weibchen fertig entwickelte, 1,5 mm große Junge.

Fernandos Rückenstrichgarnele
Caridina fernandoi

Diese Garnele stammt von Sri Lanka. Sie wurde im Fluss Kuda Oya entdeckt, der sich vom Hochland durch das Trockengebiet der Südküste zieht. Dort lebt sie in klarem, aber etwas braunem Wasser bei einer Wassertemperatur um 26 °C und einem pH-Wert um 7.
Gefunden wird die Garnele dort meist an seichten Wasserstellen mit vielen Laubansammlungen. Halten kann man sie ab 25 l problemlos mit anderen Garnelen oder in größeren Aquarien gemeinsam mit friedlichen Fischen.
Auffallend ist, dass sie sich – je nach Bodengrund – farblich anpasst, das heißt bei hellem Bodengrund präsentieren sie hellere Farben, bei dunklerem Boden-

grund zeigt sie sich intensiver dunkel gefärbt. In der Färbung und Zeichnung ist diese Garnele recht variabel. Manche Tiere besitzen einen breiten Rückenstrich, daher auch der Name Rückenstrichgarnele. Bei vielen Exemplaren fehlt er allerdings komplett. Neben unscheinbar weiß gefärbten Garnelen kommen auch braune, rote und blaue bis hin zu dunkelblauen vor. Innerhalb eines Zuchtstamms können sowohl hell gefärbte als auch tiefschwarze Garnelen vorkommen.

Algengarnele
Caridina
cantonensis

Sie ist relativ leicht zu züchten. Die Eier sind bräunlich und sehr klein. Das Weibchen entlässt keine fertigen Jungtiere, sondern kopfüber frei schwimmende Larven ins Süßwasser, es können über 100 sein, die dann nach ein paar Wochen zum Bodenleben übergehen. Die Zucht ist bereits mehrfach gelungen.

Fernandos
Rückenstrich-
garnele
Caridina
fernandoi
Foto:
Ingo Seidel

Rote Bienen-
oder
Kristallrote
Garnele
*Caridina
cf. cantonensis*
‚Crystal red‘
Foto:
Dr. J. Schmidt

Rote Bienen- o. Kristallrote Garnele
Caridina cf. *cantonensis* ‚Crystal red‘

Eine der wohl attraktivsten und beliebtesten Zwerggarnelen stammt aus Japan und kommt nicht in der Natur vor. Sie wurde 1996 von Hisagsu Suzuki aus einer Mutation der naturfarbenen Bienengarnele gezüchtet. Es gibt mittlerweile mehrere Zuchtvarianten. Die Rote Bienengarnele mit geringem Weißanteil, flächig weiß gestreift oder ohne Weißanteil, wobei letztere Zuchtform vor allem in Japan sehr beliebt ist. In Japan werden für diese Garnelen Spitzenpreise verlangt – je nach Rotanteil und Streifenzeichnung bis zu 1000 Euro für ein Exemplar.

Halten kann man sie in Aquarien ab 12 l und mit kleineren Fischen oder anderen friedlichen Garnelen. Die Haltungstemperatur liegt bei 20 bis 26 °C, auf keinen Fall darüber! Auf höhere Temperaturen reagieren sie empfindlich, was häufig zum Tod führt. Der pH-Wert sollte zwischen 6,5 und 7,5 liegen und die Gesamthärte darf nicht höher als 10 °dGH sein. Die Männchen erreichen 2 cm, die Weibchen 2,5 cm Länge.

Nach circa vier Wochen Tragezeit entlässt das Weibchen etwa 30 bis zu 1,5 mm große, fertig entwickelte Jungtiere, die bereits genauso schön gezeichnet sind wie ihre Eltern.

Bienengarnele
Caridina cf. *cantonensis* ‚Biene‘

Diese Art ist in Hongkong weit verbreitet, auch auf dem Festland in Lam Tsuen. Dort wurde sie in zwei Bächen gefunden, deren Grund mit Sand- und Kiesbänken zwischen großen Steinen bedeckt ist. Die Garnelen leben dort in schattigen Bereichen, vor allem wo sich Falllaub angesammelt hat. Das Wasser ist dort mit einem pH-Wert um 6 und einer Gesamthärte von 8 °dGH recht weich.

Diese hübsche Garnele ist orange, weiß und schwarz gefärbt. Die Intensität der Farben kann – abhängig von Wasser und Futter – stark variieren. Neben der Color-Bienengarnele gibt es noch die Wildform, aus der die begehrte Crystal red-Bienengarnele gezüchtet wurde. Die Temperatur sollte bei 20 bis 25 °C liegen und der pH-Wert nicht über 7.

Männchen erreichen eine Länge von circa 25 mm und sind deutlich schlanker als die Weibchen. Diese werden etwa 30 mm lang. Bei ihnen ist an den hinteren Schwimmfüßen der Panzer weiter nach unten gezogen. Das Weibchen trägt nach der Begattung etwa 30 Eier am Hinterleib. Nach circa vier Wochen werden fertig entwickelte Jungtiere entlassen. Ihre Alterserwartung liegt nur bei einem bis anderthalb Jahren.

Bienengarnele
*Caridina
cf. cantonensis*
‚Biene‘

Empfehlenswerte Garnelen

Grasgrüne Garnele
Caridina babaulti ‚Green'

Caridina babaulti ‚Green', früher auch *C. ceylanica* genannt, ist das Chamäleon unter den Garnelen. Ihr Verbreitungsgebiet ist Indien und Sri Lanka. Je nach Wohlbefinden kann sie ihre Färbung innerhalb weniger Minuten von Hellgrün bis Blau, Braun oder Rot ändern. Auf dunklem Bodengrund kommt ihr grünes Kleid sehr gut zur Wirkung. Man kann diese friedliche Garnele in Aquarien ab 50 l mit einem pH-Wert um 7 halten. Wie bei vielen anderen Garnelen sollte auch bei dieser die Temperatur nicht über 25 °C steigen.

Männchen werden bis 3,5 cm lang, außerdem sind sie schlanker als die Weibchen, diese werden etwas größer und wirken dicker.

Nach guter Eingewöhnung pflanzen sich die Grasgrüne Zwerggarnelen leicht fort. Die Weibchen tragen etwa 60 gelbgrüne Eier. Nach vierwöchiger Tragezeit schlüpfen fertig entwickelte Jungtiere.

Red Cherry-Garnele
Neocaridina heteropoda 'Red'

Diese rote Mutante der normalfarbenen Rückenstrichgarnele, *N. heteropoda*, wurde von einem Fischfutterfänger auf Taiwan in einer kleinen Menge in einem 30 cm tiefen Tümpel gefunden. Im Jahr 2002 wurden erstmals Nachzuchten aus Taiwan nach Deutschland exportiert.

Da es sich bei der roten Färbung dieser schönen Form um eine Fettfarbe handelt, die in den Zellen der Garnelen eingelagert wird, sollten sie unbedingt ab und an mit carotinhaltigem Futter gefüttert werden. Ohne Zugabe dieses Stoffs würden die Garnelen mit der Zeit verblassen, da sie die rote Fettfarbe nicht selbst produzieren können.

Sie ist die ideale Garnele für Anfänger, da sie vermehrungsfreudig und in der Haltung sehr einfach ist. Ihre Alterserwartung liegt im Durchschnitt bei drei Jahren. Die ideale Wassertemperatur liegt um 25 °C. Männliche Garnelen sind im Gegensatz zu Weibchen eher blass gefärbt, Weibchen sind kräftig rot. Die Produktionsstätte der Eier liegt im Nackenbereich, was gut am gelben Nackenfleck erkennbar ist.

Die Garnele ist sehr gut in hartem Wasser bei über 25 °dGH zu züchten. Nach vier Wochen Tragezeit entlässt das Weibchen – je nach Größe – bis zu 50 circa 1 mm große, fertig entwickelte Jungtiere, die bereits nach drei bis vier Monaten geschlechtsreif sein können. Man sollte diese Garnele aufgrund ihrer schnellen Vermehrungsrate nicht in zu kleinen Aquarien halten. Ideal sind Aquarien ab 30 cm Länge.

Grasgrüne Garnele
Caridina babaulti ‚Green'
Foto: Ingo Seidel

Red Cherry-Garnele
Neocaridina heteropoda ‚Red'
Foto: Christiane Kalb

Tiger-Garnele
Caridina
cf. cantonensis
‚Tiger'

Tiger-Garnele
Caridina cf. *cantonensis* ‚Tiger'

Diese Garnele stammt aus Venezuela. Sie gehört verwandtschaftlich zu den Bienengarnelen und es hat sich bereits herausgestellt, dass sich beide Arten kreuzen. Typisch für diese Garnelen sind die fünf dünnen Streifen, die sich über den Körper ziehen. Die Färbung dieser Streifen reicht von Rotbraun bis hin zu Schwarz. Männliche Tigergarnelen erreichen eine Größe von 2,5 cm, weibliche werden bis 3,5 cm groß.

Wie bei anderen *Caridina*-Arten ist auch bei dieser das Weibchen kräftiger und der Hinterleib als Bauchtaschen weiter heruntergezogen. Die Zucht ist ziemlich einfach, da sie nach vier Wochen Tragzeit etwa 50 fertig entwickelte Junge entlässt, die direkt zum Bodenleben übergehen und dort sofort mit der Nahrungssuche beginnen. Ihre Haltung ist bereits ab 25 l möglich. Der pH-Wert sollte um 7 liegen. Die Wassertemperatur verträgt sie bis 26 °C problemlos.

Von der Tigergarnele gibt es herausgezüchtete schwarze und blaue Farbformen. Bei der Schwarzen Tigergarnele sind die charakteristischen Streifen praktisch

Hummelgarnele
Caridina
cf. breviata
'Hummel'

über den ganzen Körper verteilt, sodass sie fast völlig schwarz aussieht. Die Zucht dieser Formen ist – wie bei der Tigergarnele auch – relativ einfach, jedoch muss bei der schwarzen Farbform eine gezielte Auslese erfolgen, um dauerhaft komplett flächig schwarze Tiere zu erhalten.

Hummelgarnele
Caridina cf. *breviata* ‚Hummel'

Die Herkunft dieser Art ist bis dato unbekannt. Vermutlich kommt sie aus Asien und der Umgebung von Hongkong. Für die Haltung im Aquarium eignen sich bereits Behälter ab 15 l Inhalt. Der pH-Wert sollte zwischen 6,5 und 7,5 liegen, die Härte zwischen 5 und 15 °dGH.

Als ideale Haltungstemperatur kann man Werte von 15 bis 26 °C ansehen. Die Hummelgarnele ist hauptsächlich weiß transparent gefärbt, mit drei breiten schwarzen Bändern auf dem Körper. Es gibt mittlerweile auch von dieser Garnele mehrere Zuchtvarianten – die schokoladenbraune und die silbergebänderte Variante. Ende 2004 wurden in einem Import der normalfarbenen Hummelgarnele aus Indien auch vereinzelt rote Exemplare entdeckt. Ob es sich nur um eine temporäre Färbung handelt oder ob sie konstant vererbt wird, muss noch

geprüft werden. Diese Garnele erreicht eine Größe von circa 2,5 cm, wobei die Männchen deutlich schlanker und mit 2 cm kleiner bleiben als die Weibchen. Wie bei allen *Caridina*-Arten ist auch bei den Weibchen der Hummelgarnelen die Bauchtasche weiter heruntergezogen. Sie gehören zum spezialisierten Fortpflanzungstyp und bringen nach einer vierwöchigen Tragezeit circa 40 etwa 2 mm große Junge zur Welt.

Weißperlen- oder White perl-Garnele
Neocaridina cf. *zhangjiajensis* ‚White'

Diese Garnele stellt keine Mutante von *N. denticulata* dar, wie oft behauptet wurde. Es handelt sich um eine eigenständige Variante, wahrscheinlich aus dem Taxon von *N. zhangjiajenis*. Die Garnelen sind weiß gefärbt, einige Tiere zeigen ansatzweise einen leichten Rückenstrich. Weibchen erreichen Längen von 2,5 cm, Männchen 2,0 cm. Auf dunklem Bodengrund kommen die Garnelen mit ihrer weißen Färbung sehr schön zur Geltung.

Halten kann man sie mit verschiedenen anderen friedlichen Garnelenarten und Fischen in Aquarien ab 12 l Inhalt, bei einem pH-Wert zwischen 6,5 und 7,5. Wassertemperaturen von 20 bis 28 °C vertragen sic gut. Die Geschlechter kann man an den durch den Panzer strahlenden, weißen Geschlechtsorganen bei den Weibchen während der Eireifung sehr gut unterscheiden. Auch die getragenen Eier sind schneeweiß gefärbt. Die Zucht ist einfach. Etwa vier Wochen nach der Begattung – in sechswöchigen Abständen – bringen die Weibchen 20 bis 30 fertig entwickelte Jungtiere zur Welt.

Weißperlen- oder White perl-Garnele *Neocaridina* cf. *zhangjiajensis* ‚White'

Indonesische Fächergarnele
Atyoida pilipes

Die Indonesische Fächergarnele kommt, wie der deutsche Name schon vermuten lässt, aus Indonesien. Die Garnelen tragen eine sehr schöne Färbung, wobei hier sowohl blau als auch braun gezeichnete Tiere vorkommen. Diese klein bleibende Fächergarnele kann in Aquarien ab 60 cm gehalten werden. Da die Garnele aus eher wärmeren Regionen stammt, sollte man sie bei einer Temperatur von 24 bis 30 °C halten. Wie auch andere Fächergarnelen bevorzugt die Indonesische Fächergarnele etwas Strömung im Aquarium, was ihnen die Nahrungsaufnahme erleichtert. Sie sitzen dann mit ihren ausgestreckten Fächerarmen in der Strömung, um kleinste Futterpartikel und Mikroorganismen herauszufiltern.

Indonesische Fächergarnele *Atyoida pilipes*

Vergesellschaften kann man sie problemlos mit anderen Zwerggarnelen, Welsen und weiteren friedlichen Tieren. Mit maximal 6 cm sind die Garnelen ausgewachsen. Anders als die Haltung gestaltet sich die Zucht schwierig. Die Larven brauchen zur Entwicklung Salzwasser, worin sie mehrere Larvenstadien durchleben. Eine erfolgreich gelungene Nachzucht von Fächergarnelen ist bisher noch nicht bekannt.

Bergwasser-Fächer-, Radar- oder Molukkengarnele
Atyopsis moluccensis
Von den Molukken, einem speziellen Gebiet in Südostasien, stammt *A. moluccensis*. Die Molukken sind eine indonesische Inselgruppe zwischen Sulawesi und Neuguinea. Auch von dieser Garnele gibt es verschiedene Varianten, meist braun mit hellem Streifen auf dem Rücken.
Diese Fächergarnele kann man in Aquarien ab 60 cm halten, bei einer Temperatur von 24 bis 30 °C, einem pH-Wert von 6,5 bis 7,5 und einer Gesamthärte von 8 bis 13 °dGH fühlen sich die Garnelen am wohlsten. Vergesellschaften kann man sie mit anderen Zwerggarnelen, Welsen und friedlichen Fischen. Es liegen Berichte vor, dass sie im Aquari-

um bis zu zwölf Jahre alt werden können. Weibchen werden bis zu 8 cm, Männchen bis 10 cm lang. Bei den Männchen ist das erste Schreitbeinpaar kräftiger als die übrigen Beinpaare. Bei den Weibchen sind alle Beinpaare etwa gleich kräftig. Diese Unterscheidungsmerkmale sind allerdings erst ab einer Körpergröße von mindestens 5 cm zu sehen.
Wie auch bei *Atya gabonensis* ist bei *Atyopsis moluccensis* die Zucht noch nicht gelungen. Die Larvenentwicklung dauert circa drei Wochen, danach werden die Larven in Schüben innerhalb von zwei bis drei Tagen ins Wasser abgegeben und sollten anschließend umgehend in Brackwasser umgesetzt werden. Sie sind zu diesem Zeitpunkt circa 1,5 mm groß. Bei mir überleben sie meist etwa zwei Wochen. Das Sterben ist wahrscheinlich auf das Fehlen von geeignetem Futter zurückzuführen. Diese Garnele ist zurzeit aufgrund der Zuchtschwierigkeiten nur als Wildfang erhältlich.

Riesenfächer- oder Blaue Garnele
Atya gabonensis
Diese Garnele stammt aus den tropischen Gebieten um den Atlantischen Ozean. Die Verbreitungsgebiete sind sowohl die Westseite Afrikas, von Senegal bis Zaire, als auch die Ostküste Südamerikas von Venezuela bis Brasilien. Sie bewohnt felsige, steinige Bachläufe, die bis hinauf in die Quellregionen führen.
Im Aquarium bevorzugt diese Garnele etwas Strömung, in der sie sich gern aufhält und ihre Fächerhände ausbreitet, um feinste Futterpartikel wie Algen und Mikroorganismen als Nahrung aufzunehmen. Die Garnelen sind sehr unter-

Bergwasser-
Fächer-,
Radar- oder
Molukkengarnele
*Atyopsis
moluccensis*
Foto: bede

Empfehlenswerte Garnelen

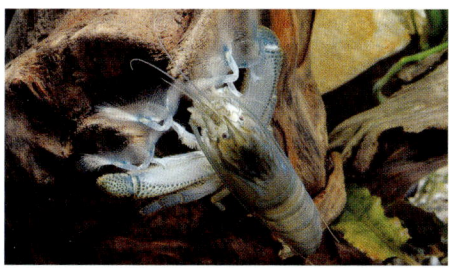

schiedlich in der Färbung und sind zu einem schnellen Farbwechsel fähig, welcher von fast weißen Tieren über hellblaue bis hin zu dunkelblau gefärbten reicht. Sie erreichen eine Endgröße von 14 cm. Sie fühlen sich bei Wassertemperaturen von 24 bis 28 °C und einem pH-Wert zwischen 6 und 7,5 wohl. Trotz ihres „monströsen" Aussehens und der Spitzen am dritten Schreitbeinpaar ist sie eine friedfertige Garnele und kann problemlos mit anderen Zwerggarnelen und kleinen friedlichen Fischen vergesellschaftet werden. Mit den Dornen am dritten Schreitbeinpaar ist sie in der Lage, sich bei starker Strömung im Boden festzukrallen und so, ohne fortgerissen zu werden, Nahrung zu keschern.

Die Weibchen haben größere Bauchschilder und besitzen nicht ganz so große Klauen wie die Männchen. Beim Männchen ist das erste Schreitbeinpaar kräftiger. Ganz sicher erkennt man Männchen und Weibchen, wenn man sie auf den Rücken dreht. Weibchen haben jeweils am Grundglied des dritten Laufbeinpaars kleine Öffnungen (Gonoporen). Männchen haben die Gonoporen am fünften (letzten) Laufbeinpaar. Diese Garnele wurde bisher noch nicht nach gezüchtet. Die Larven benötigen Brackwasser. Alle im Handel erhältlichen Tiere sind Wildfänge.

Fire red-Garnele
Caridina cf. *appendiculata*

Über die genaue Herkunft dieser Garnele ist bisher noch nicht viel bekannt. Ich erhielt diese farbenfrohe *C. appendiculata*-Form aus Singapur. Ihre Grundfarbe reicht von einem hellen, blassen Rot bis hin zu einem kräftigen Ziegelrot; sie ist auf jeden Fall von roter Färbung und somit durchaus eine Alternative zur Red Cherry-Garnele. Wie bei vielen Garnelen ist die Färbung auch hier stimmungsabhängig. Sie kann von einem kräftigen Dunkelrot der gesamten Garnele bis hin zu einem blassen Hellrot schwanken.

Wie alle Zwerggarnelen fressen sie jegliches handelsübliche Fischfutter ebenso wie *Spirulina*-Tabletten. Im Aquarium verhalten sie sich gegenüber Fischen und anderen Zwerggarnelen friedlich und können eine Größe von 5 cm erreichen. *Caridina* cf. *appendiculata* ist eher wärmeliebend, daher sind als ideale Haltungstemperatur Werte von 24 bis 27 °C anzusehen. Der pH-Wert sollte zwischen 6 und 7,5 liegen. Über die Zucht ist nichts bekannt. Da die Weibchen sehr viele kleine Eier tragen ist davon auszugehen, dass es sich hierbei um den primitiven Fortpflanzungstyp handelt.

Riesenfächer- oder Blaue Garnele
Atya gabonensis
Foto: Dr. J. Schmidt

Fire red-Garnele
Caridina cf. *appendiculata*

Fire red-Garnele
Caridina cf. *appendiculata*

Glasgarnele
Macrobrachium lanchesteri

Über die Herkunft dieser Garnele, die früher als *M. lar* gehandelt wurde, ist wenig bekannt, nur, dass sie ursprünglich aus Asien kommt und dort im Süden weit verbreitet ist. Sie hat sich als wenig anspruchsvoller Pflegling erwiesen, welcher sich gut mit nicht zu großen Fischen vergesellschaften lässt.

Im Gegensatz zu Behauptungen, dass *M. lanchesteri* „Mörder-Maschinen" sein sollen und sich an lebenden Fischen vergreifen oder zumindest deren Flossen beschädigen sollen, kann ich nur sagen, dass sie eine sehr friedliche Garnele der Macrobrachiengruppe ist. Ihre Scheren sind so winzig und zart, dass sie damit unmöglich Fische angreifen kann. Mit großer Wahrscheinlichkeit sind die Aussagen zur Tötung anderer Aquarienbewohner auf Verwechslungen mit ähnlich aussehende, aggressiveren Garnelen zurückzuführen.

Die Haltung dieser Garnele ist ab 60 cm Aquariengröße möglich, wobei die Wasserwerte eine untergeordnete Rolle spielen. Die Wassertemperatur kann zwischen 22 und 27 °C liegen.

Ihre Färbung ist durchsichtig und sie hat am Kopf die typischen schwarzen Strei-

fen, die sich vom Kopfbereich schräg nach unten zum Schwanz ziehen. Weibchen erreichen eine Endgröße von 5 bis 6 cm. Männchen sind schlanker und können eine Größe von bis zu 8 cm erreichen. Die Zucht gelingt in eigenen Aufzuchtaquarien problemlos. Nach etwa drei Wochen Tragezeit werden die Larven, je nach Größe des Weibchen sind es bis zu 200 Eier, entlassen und durchlaufen verschiedene Larvenstadien, in welchen sie zuerst etwa vier bis fünf Wochen im Wasser schweben. Danach gehen sie zum Bodenleben über.

Rote Nashorngarnele
Caridina gracilirostris

Sie wurde bis vor Kurzem in der Aquaristik noch als *Palaemon scarletti* bezeichnet. Die Garnele ist im pazifischen Raum weit verbreitet und kommt hier in Brackwasserbereichen vor, überwiegend in Mangrovensümpfen. Sie ist eng mit *C. nilotica* verwandt.

Typisch für diese Garnelen ist ihr stark verlängertes rotes Rostrum. Die rote Farbe leuchtet besonders intensiv, wenn sich die Garnele wohlfühlt. Sie ist eine friedliche Garnele, die sich meist frei schwimmend durch das Aquarium bewegt. Aus diesem Grund sollte sie nicht in ei-

Empfehlenswerte Garnelen

nem Aquarium unter 50 l gehalten werden. Im Vordergrund muss genügend Schwimmraum vorhanden sein.

Caridina gracilirostris ist eine wärmeliebende Art, sie bevorzugt eine Wassertemperatur von 25 bis 28 °C und einen pH-Wert um 7. Unter anderem hat auch sie sich als sehr guter Algenfresser erwiesen. Männliche Tiere erreichen eine Größe von 3,5 cm, weibliche werden bis 4,0 cm groß. Diese Garnele gehört zum spezialisierten Fortpflanzungstyp. Sie setzt ohne großes Zutun Laich an, ist aber schwer zu züchten. Nach circa vier Wochen stößt das Weibchen etwa 100 Larven aus den Eiern ab. Die 2 mm großen Larven benötigen Salzwasser zur weiteren Entwicklung. Zuchterfolge wurden schon erzielt, allerdings sind die Larven um einiges schwerer durchzubringen als die Larven der Amano-Garnele. Dies liegt daran, dass die Larven kleiner als die von *C. multidentata* sind und zur weiteren Aufzucht noch feineres Plankton benötigen.

Rotrückenmarmor-, oder Nektarinengarnele und Marmorgarnele
Neocaridina palmata

Von *N. palmata* gibt es zwei verschiedene Varianten. Einmal *N. palmata* als „Nektarinen-" sowie als „Marmorgarnele". Die äußerst attraktive Nektarinengarnele stammt aus Südchina und wurde in Bergflüssen aus den Regionen Meizhou und Maixan importiert. Als Fundort der Marmorgarnele wird das im Süden Chinas gelegene Anhui und die Region Bose im Gebiet Longlin und Guangx angegeben. Nur bei der Rotrücken-Marmorgarnele kommen die roten Fär-

bungen im Rücken vor. Die rötlichen Flecken im inneren der Garnele, die an „Nektarinen" erinnern, sind die innenliegenden Eingeweidesäcke.

Die Haltung beider Varianten ist problemlos. Die Garnelen sind bereits ab 40 l bei einem pH-Wert von 7 und einer Wassertemperatur um 25 °C zu halten. Die Färbung ist braun-grau, jedoch kenne ich auch einzelne Exemplare, die intensiv blau bis dunkelblau gefärbt sind.

Die Geschlechter lassen sich wie bei allen *Caridina* unterscheiden. Die Tiere erreichen eine maximale Länge von 2 cm. Weibchen entlassen um die 30 fertig entwickelte Jungtiere, die nach drei bis vier Monaten ebenfalls geschlechtsreif sind.

Im Gegensatz zu den Eltern fehlt aber den Nachzuchten der Form aus Südchina die markante Färbung im Rücken. Es wird vermutet, dass den Tieren in der Aquarienhaltung Bestandteile fehlen, die sie in der Natur mit dem Futter aufnehmen. Andere behaupten, dass die Färbung der Organe durch einen Parasiten aus der Gruppe der Kratzer hervorgerufen wird und in der Natur über die Nahrung aufgenommen wird, der im Aquarium gänzlich fehlt. Was genau die Färbung hervorruft, ist bisher jedoch noch nicht geklärt.

Marmorgarnele, einfache, braune Farbform von *Neocaridina palmata*

Rotrücken- oder Nektarinengarnele *Neocaridina palmata*

Schneeflöck-
chen- oder
Weißperlgarnele
*Macrobrachium
kulsiense*
(früher falsch:
M. banjarae
oder
M. mirabile)

Schneeflöckchen-, Weißperlgarnele
Macrobrachium kulsiense

Diese sehr attraktive Garnele ist die „Perle" unter den Garnelen. Sie ist in Indien beheimatet. Vielen wird sie noch unter dem Namen *M. banjarae* oder *M. mirabile* bekannt sein. Diese Zuordnung stellte sich jedoch als falsch heraus, da sie sich in wichtigen Merkmalen von dieser Art unterscheidet. Auffallend bei dieser Art ist ihre braun-weiß gesprenkelte Zeichnung, die sich über den ganzen Körper verteilt und der sie auch ihren Namen verdankt.

In der Haltung ist sie eine etwas spezielle Garnele und nicht unbedingt als Anfängergarnele zu empfehlen. Ab 100 l Inhalt ist die erfolgreiche Pflege und Zucht möglich. Sie verträgt keine zu schnelle Wasserveränderung und kein zu weiches Wasser. Empfehlenswert ist eine Haltung bei einem pH-Wert von 7 bis 7,5 und einer Wassertemperatur zwischen 24 und 27 °C. Bei zu stark mit Nährstoffen belastetem Wasser treten häufig Häutungsprobleme auf.

Macrobrachium kulsiense hat winzige Scheren. Sie ist eine sehr friedliche, zurückhaltende Garnele, sowohl kleinen Fischen als auch Artgenossen gegenüber. Die Zucht ist relativ einfach, jedoch sind die Garnelen nicht sehr vermehrungs-

freudig und entlassen – je nach Größe der Weibchen – nur zwischen zehn und 20 fertig entwickelte Junggarnelen.

Rote Rückenstrichgarnele
Caridina ‚Sulawesi'

Leider weiß man bisher nichts Genaues über die Biotope der Roten Rückenstrichgarnele. Beheimatet ist sie auf Sulawesi. Es wird vermutet, dass sie in den Mündungsbereichen von Flüssen vorkommt. *Caridina ‘Sulawesi'* besitzt eine sehr schöne, auffallend braunrote Färbung. In der Färbung und Zeichnung ist diese Garnele recht variabel, denn die rotbraune Färbung kann auch ganz verschwinden und die gesamte Garnele erscheint dann eher blassrot. Dies liegt vermutlich daran, dass dieses, ähnlich wie bei anderen Garnelen, von der Wasserbeschaffenheit abhängig ist. Sie besitzen einen weißen Rückenstrich, der sich vom Abdomen bis hin zum Schwanzfächer ziehen kann.

Die Garnelen erreichen eine Endgröße von 3 cm und fühlen sich bei Wassertemperaturen von 22 bis 26 °C und einem pH-Wert um 7,5 wohl. Das Weibchen entlässt keine fertigen Jungtiere, sondern frei schwimmende Larven vom primitiven Typ ins Süßwasser, es können über 100 sein, die dann nach ein paar Wochen zum Bodenleben übergehen.

Empfehlenswerte Garnelen

Ninja-Garnele
Caridina serratirostris

Wohl eine der interessantesten Neuimporte der letzten Jahre ist die Ninja-Garnele, *C. serratirostris*, von Java. Leider ist über die Biotope der Ninja-Garnele noch nicht viel bekannt, doch ist zu vermuten, dass sie in den Mündungsbereichen von Flüssen vorkommt. Für die Haltung im Aquarium eignen sich bereits Aquarien ab 20 l Inhalt. Der pH-Wert sollte zwischen 6,5 und 7,5 liegen, die Gesamthärte zwischen 5 und 15 °dGH. Die Garnelen verhalten sich friedlich und fühlen sich in kleinen Gruppen wohl, in denen ihre Musterung und Farbenpracht richtig zur Geltung kommt. Ihre Grundfärbung ist weiß, der Körper wird meist von fünf blauen oder roten Querstreifen überzogen, die sich bis in den Schwanzfächer fortsetzen können. Von *C. serratirostris* gibt es offenbar mehrere Farbmorphen. Alle sind sehr variabel und die Tiere können je nach Stimmung und Umgebung ihre Farbe ändern. Auch die Wasserbeschaffenheit beeinflusst die Färbung der Garnelen. Dies zeigt sich bei den roten Exemplaren von einer roten bis hin zu einer rotbraunen Färbung der Streifen. Bei den blauen Garnelen wechselt die Färbung, je nach Stimmung, von einem kräftigen Dunkelblau bis hin zu bräunlichen Streifen. Auch die Breite der fünf Streifen ist von Tier zu Tier unterschiedlich. Es kommen auch Exemplare vor, bei denen die Streifenbreite fast den ganzen Körper einnimmt.

Die Ninja-Garnele erreicht eine Größe von 4 cm, wobei die Männchen deutlich schlanker bleiben als die Weibchen. Wie bei allen *Caridina*-Arten ist auch bei den

Ninja-Garnele
Caridina serratirostris

Weibchen der Ninja-Garnele die Bauchtasche weiter heruntergezogen. Die Garnelen gehören zum primitiven Fortpflanzungstyp und setzen ohne großes Zutun Laich an. Nach circa vier Wochen stößt das Weibchen etwa 100 Larven ab. Die 1 mm großen Larven benötigen zur weiteren Entwicklung jedoch Salzwasser. Über Zuchterfolge ist bisher noch nichts bekannt.

Orange-Celebensis
Caridina propinqua ‚Celebes‘

Ein wahres Farbwunder ist die orangene Garnele. Eine wissenschaftliche Zuordnung erfolgte bisher noch nicht, es hat sich aber herausgestellt, dass es sich um eine nah verwandte Form von *C. propinqua* handelt, die im indopazifischen Raum weit verbreitet ist. Dort ist ihr Lebensraum im mündungsnahen Bereich unter Gezeiteneinfluss stehender Bachabschnitte und Mangrovensümpfe zu finden.

Die Garnelen sind flächig orange gefärbt und kommen auf dunklem Bodengrund gut zur Geltung. Halten kann man sie schon in Aquarien ab 20 l Wasserinhalt und bei einer Wassertemperatur von 22 bis 28 °C. Vergesellschaften lässt sie sich

Orange-Celebensis
Caridina propinqua
Foto:
J. Kühne

77

Orange-
Celebensis
*Caridina
propinqua*

Blaue Rückenstrichgarnele
Caridina sumatrensis

Eine Garnele, deren Einfuhr erst kürzlich erfolgte, ist *C. sumatrensis*. Beschrieben wurde sie jedoch bereits 1892. Sie stammt aus der malaiischen Region. In der Färbung und Zeichnung ist diese Garnele individuell recht unterschiedlich – auch weist nicht jedes Exemplar einen Rückenstrich auf. Auch bei ihr ist die Färbung je nach Wasserbeschaffenheit und Bodengrund unterschiedlich, welche von einem bläulichen Braun bis hin zu einem blassen Blau reichen kann.

Die Garnelen werden circa 5 cm groß, wobei die Weibchen größer als die Männchen werden. Bedingt durch die Größe empfiehlt sich eine Haltung in Aquarien ab 50 cm Länge. Der pH-Wert sollte zwischen 6 und 7,5 liegen, die Wassertemperatur um 26 °C. Die Vermehrung ist im Süßwasser möglich, hierbei werden frei schwimmende Larven aus den relativ kleinen Eiern entlassen, welche sich von ihrem Dottersack ernähren und wie üblich im Verlauf ihrer weiteren Entwicklung zum Bodenleben übergehen.

mit kleinen Fischen. Die Orange-Celebensis kann eine Größe von 3 cm erreichen. Auch bei dieser Garnele haben die Weibchen weit ausgezogene Bauchtaschen und den typischen Eifleck im Nackenbereich. Um welchen Fortpflanzungstyp es sich bei dieser sehr schönen Garnele handelt, ist bisher noch nicht geklärt. Es wird aber vermutet, dass es sich um den primitiven Fortpflanzungstyp handelt, sprich – die Aufzucht nur im Salzwasser gelingt.

Blaue
Rückenstrich-
garnele
*Caridina
sumatrensis*

Anlaufpunkte und Hilfe bei Fragen und Problemen

Garnelen-Infohotline

Für alle Wirbellosenhalter, die bei der Haltung ihrer Garnelen vor Problemen stehen oder dringend Hilfe benötigen, gibt es seit Anfang des Jahre 2007 unter 0911-3730687 in Zusammenarbeit mit JBL, Garnelenkrankheiten.de und Zierfisch-Hilfe.de eine Info-Hotline. Hier erhält der Anrufer die Möglichkeit, sich eingehend über sämtliche Haltungsbedingungen zu informieren:
Montag, Mittwoch und Freitag, zwischen 17 und 19 Uhr, erhält man dort telefonische Hilfe und praktische Beratung zu Fragen mit folgenden Themen:
– Wirbellosenhaltung allgemein,
– Zucht, Vergesellschaftung,
– Ernährung, Wasserwerte,
– Garnelenkrankheiten und Probleme,
– Fragen, die Krebse und Schnecken betreffen.

Die Beratung ist kostenfrei!

Es fallen lediglich die normalen Telefongebühren an.
Telefon: 0911-3730687
• Ansprechpartner: Michael Wolfinger
www.garnelenkrankheiten.de/garnelenhotline.html

Wirbellosenzucht Nürnberg

Diese Seite befasst sich mit der Haltung und Zucht verschiedener Wirbelloser wie Garnelen, Flusskrebsen und vielen mehr. Neben Informationen und Bildern werden dort regelmäßig Neuimporte sowie die neusten Wirbellosen-News vorgestellt. Auch steht ein Portal zu Verfügung, in dem Nachzuchttiere angeboten werden. Im Supportbereich kann man Anfragen direkt an den Züchter richten und erhält dort Hilfe. Desweiteren findet man auch Informationen über die Herkunft, das Verbreitungsgebiet bis hin zur Haltung, Zucht und anderes:
www.wirbellosenzucht.de

Zierfisch-Hilfe.de

In diesem Forum geht es neben der Wirbellosenhaltung auch um Fische, Pflanzen sowie um die Aquaristik allgemein. Hier finden Mitglieder bei Problemen schnelle und kompetente Hilfe. **Bitte sehen Sie von Problemschilderungen per E-Mail ab!** Da aus zeitlichen Gründen leider keine schriftliche Beantwortung von Einzelfällen erfolgen kann. Außerdem ist meist eine Rückfrage erforderlich, um das Problem eindeutig verifizieren zu können. Daher werden Fragen ausschließlich im Forum unter:
www.zierfisch-hilfe.net
beantwortet, weil hieraus eventuell auch andere Aquarianer einen Nutzen ziehen können.

crusta10.de

Auf dieser Seite gibt es viele Informationen von seriösem Inhalt und jede Menge Bildmaterial von bester Qualität. Die Bilder stammen zum wesentlichen Teil von Chris Lukhaup. Die wissenschaftlichen Namen sind gewissenhaft recherchiert und man kann sich auf die Nennung der gezeigten Art verlassen.

Garnelenkrankheiten.de

Gerade in Hinsicht auf Garnelen-Krankheiten in der Aquaristik hat es sich gezeigt, dass zu diesem speziellen Thema noch wenig bekannt ist. Falsche Haltungsbedingungen, plötzlich auftretende

Elfenbein-Nashorngarnele, *Caridina brevicarpalis endehensis*

Verluste vereinzelter Tiere oder gar Massensterben stellen viele Garnelenhalter immer wieder vor schier unlösbare Probleme. Garnelenkrankheiten.de ist seit Februar 2005 online. Die Betreiber haben es sich zur Aufgabe gemacht, Wirbellosenhaltern bei Problemen Hilfestellung zu geben. Neben vielen Bildern mit verschiedenen Krankheitssymptomen, den Krankheitserregern selbst und mikroskopischen Aufnahmen wird auf der Seite auf die Grundlagen der Haltung sowie die Krankheitsvorbeugung eingegangen.

Ich hoffe, ich konnte mit diesem Buch dazu beitragen, den einen oder anderen neuen Liebhaberer für diese faszinierenden Tiere zu begeistern. Sicher wird uns gerade in Hinsicht auf neue Arten noch einiges erwarten. Bleibt es also abzuwarten, was die Zukunft noch bringt. Auf jeden Fall sind die Garnelen eine Bereicherung für jedes Aquarium.

Ihr Michael Wolfinger

Rote Bienen- oder Kristallrote Garnele
Caridina cf. *cantonensis* ‚Crystal red'